建筑结构工程施工常见质量问题及预防措施

李慧民　李明海　刘慧军
鲁　娟　张晓宁　张　龙　编著

中国建材工业出版社

图书在版编目(CIP)数据

建筑结构工程施工常见质量问题及预防措施/李慧民等编著．--北京：中国建材工业出版社，2018.3

ISBN 978-7-5160-1743-2

Ⅰ.①建… Ⅱ.①李… Ⅲ.①建筑结构—工程施工—质量控制 Ⅳ.①TU712.3

中国版本图书馆 CIP 数据核字(2017)第 003210 号

内容简介

本书基于工程建设过程中质量控制这一核心，重点介绍建筑结构工程施工质量问题及预防措施，共 13 章。主要内容包括地基基础工程、砌体结构工程、模板工程、钢筋工程、混凝土工程、钢结构工程、屋面工程、地下防水工程、建筑地面工程、门窗工程、墙面抹灰工程、室外工程及建筑节能工程等。全书紧密结合工程建设实际，从问题环境、原因分析、相关规范及标准要求、防治措施及工程实例照片五个方面编写，图文并茂，形象直观，易于理解接受。

本书可作为工程技术人员及建筑工人的业务学习用书。

建筑结构工程施工常见质量问题及预防措施

李慧民　李明海　刘慧军　鲁　娟　张晓宁　张　龙　编著

出版发行：中国建材工业出版社

地　　址：北京市海淀区三里河路 1 号

邮　　编：100044

经　　销：全国各地新华书店

印　　刷：北京鑫正大印刷有限公司

开　　本：787mm×1092mm　1/16

印　　张：9.25

字　　数：230 千字

版　　次：2018 年 3 月第 1 版

印　　次：2018 年 3 月第 1 次

定　　价：39.80 元

本社网址：www.jccbs.com　　微信公众号：zgjcgycbs

本书如出现印装质量问题，由我社市场营销部负责调换。联系电话：(010)88386906

前　言

建筑结构是房屋建筑工程的核心部分，结构工程施工是实现建造目标、满足正常使用的关键环节。随着我国社会和经济的发展，建筑工程质量水平稳步提高，但与人们日益增长的物质文化生活需求还存在一定的距离。建筑结构工程施工有着量大、面广、影响因素多的特点，一些常见质量问题未能得到有效的解决，已经成为社会各界关注的重点。如何处理并解决好这些问题，是需要相关专业技术人员深入思考和认真研讨的。

为了进一步提高建筑工程质量整体水平，针对目前的工程质量现状，我们组织编写了《建筑结构工程施工常见质量问题及预防措施》一书。本书主要编写人员李慧民教授从事土木工程建造与管理学科的教学、科研及实践管理工作四十余年，学术水平精湛，专业素质优良。李明海（教授级高级工程师、博士）、刘慧军（高级工程师、博士）长期从事建筑工程设计、施工及管理工作，有着丰富的工程实践经验。本书根据国家新版建筑工程施工质量验收系列规范要求，以建筑结构工程为分析对象，归纳总结了各参建责任主体及有关专家近年来研究和处理结构工程施工中一些常见经典问题的经验和措施，列举了常见的问题现象，分析了产生原因，介绍了工艺要求，提出了预防措施，给出了正面典型示例及做法。所有示例做法均采用来自施工一线的现场实例照片，选材得当、内容翔实、图文并茂、形象具体。由于本书涉及建筑结构工程施工的各个方面，加之作者水平有限，书中不妥之处，敬请各位读者批评指正。

本书具有针对性强、适用面宽、简明扼要及图文并茂的特点，对预防和治理建筑结构施工质量通病有一定的指导作用，对提高工程质量水平有一定的借鉴意义。可供从事建筑工程施工技术、质量管理的人员阅读和参考，也可作为高等学校相关专业的教学及参考用书。

本书的编写得到了国家自然科学基金委员会（面上项目“旧工业建筑（群）再生利用评价理论与应用研究”（批准号：51178386）、面上项目“基于博弈论的旧工业区再生利用利益机制研究”（批准号：51478384）、面上项目“绿色节能导向的旧工业建筑功能转型机理研究”（批准号：51677879））的支持，同时西安建筑科技大学、西安华清科教产业（集团）有限公司（建科大厦·华清广场项目指挥部）、百盛联合建设集团等单位的老师、管理人员及工程技术人员给予了诚挚的指导和帮助，西安建科宝龙新材料有限责任公司给予了大量的技术、试验及数据支持，在此一并表示衷心的感谢。

作者

2018年1月于西安

目　　录

第 1 章　地基基础工程

1.1　基坑开挖及支护不当

1. 问题现象

（1）位移：支护结构向基坑内侧产生位移，从而导致桩后地面沉降和附近房屋裂缝，边坡出现滑移、失去稳定。

（2）管涌及流砂：基坑开挖时，基坑底部的土体产生流动，随地下水流一起从坑底或四周涌入基坑，引起周围地面沉陷，建筑物裂缝。

（3）塌方：基坑开挖中支护结构失效，边坡局部大面积失稳塌方。

2. 原因分析

（1）基坑土方开挖前未开展地勘或地勘工作不到位。

（2）基坑支护体系未进行严格设计计算，强度、刚度不满足要求。

（3）土方开挖前基坑支护工作不到位。

（4）土方开挖前未采取有效降水措施或土方开挖过程中降水不连续。

（5）施工中管理不到位，随意改动支护体系受力状况或增加荷载。

（6）施工中未进行及时有效的基坑变形观测。

3. 相关规范和标准要求

《建筑地基基础工程施工质量验收规范》(GB 50202—2002）的相关要求如下：

7.1.1　在基坑（槽）或管沟工程等开挖施工中，现场不宜进行放坡开挖，当可能对邻近建（构）筑物、地下管线、永久性道路产生危害时，应对基坑（槽）、管沟进行支护后再开挖。

7.1.2　基坑（槽）、管沟开挖前应做好下述工作。

1. 基坑（槽）、管沟开挖前，应根据支护结构形式、挖深、地质条件、施工方法、周围环境、工期、气候和地面载荷等资料制定施工方案、环境保护措施、监测方案，经审批后方可施工。

2. 土方工程施工前，应对降水、排水措施进行设计，系统应经检查和试运转，一切正常时方可开始施工。

3. 有关围护结构的施工质量验收可按本规范第 4 章、第 5 章及本章 7.2、7.3、7.4、7.6、7.7 的规定执行，验收合格后方可进行土方开挖。

7.1.3　土方开挖的顺序、方法必须与设计工况相一致，并遵循“开槽支撑，先撑后挖，分层开挖，严禁超挖”的原则。

7.1.4　基坑（槽）、管沟的挖土应分层进行。在施工过程中基坑（槽）、管沟边堆置土方不应超过设计荷载，挖方时不应碰撞或损伤支护结构、降水设施。

7.1.5　基坑（槽）、管沟土方施工中应对支护结构、周围环境进行观察和监测，如出现异常情况应及时处理，待恢复正常后方可继续施工。

7.1.6　基坑（槽）、管沟开挖至设计标高后，应对坑底进行保护，经验槽合格后，方可进行垫层施工。对特大型基坑，宜分区分块挖至设计标高，分区分块及时浇筑垫层。必要时，可加强垫层。

7.1.7　基坑（槽）、管沟土方工程验收必须确保支护结构安全和周围环境安全为前提。当设计有指标时，以设计要求为依据，如无设计指标时应按表7.1.7的规定执行。

表7.1.7　基坑变形的监控值　（cm）

基坑类别	围护结构墙顶位移监控值	围护结构墙体最大位移监控值	地面最大沉降监控值
一级基坑	3	5	3
二级基坑	6	8	6
三级基坑	8	10	10

注：1. 符合下列情况之一，为一级基坑：

（1）重要工程或支护结构做主体结构的一部分；

（2）开挖深度大于10m；

（3）与临近建筑物、重要设施的距离在开挖深度以内的基坑；

（4）基坑范围内有历史文物、近代优秀建筑、重要管线等需严加保护的基坑。

2. 三级基坑为开挖深度小于7m，且周围环境无特别要求时的基坑。

3. 除一级和三级外的基坑属二级基坑。

4. 当周围已有设施有特殊要求时，尚应符合这些要求。

4. 预防措施

（1）施工前应加强地质勘察，探明地下土质及水文情况。

（2）支护结构挡土桩截面及入土深度应严格计算，保证足够的刚度、强度，并用顶部圈梁连成整体，防止漏算桩顶地面堆土、行驶机械、运输车辆、堆放材料等附加荷载。

（3）基坑开挖前应将整个支护系统包括土层锚杆、桩顶圈梁等施工完成，挡土桩应达到设计强度，以保证支护结构的强度和整体刚度，减少变形。

（4）基坑开挖前应先采用有效降水方法，将地下水降低到开挖基底0.5m以下，以减少桩侧土压力和水流入基坑，使桩产生位移。

（5）挡土桩应有足够入土深度，并嵌入到坚实土层内，保证支护结构的整体稳定性。

（6）土层锚杆应按设计要求深入到坚实土层内，并灌浆密实。

（7）施工时，应加强管理，防止随挖随支护，特别要按设计规定程序施工，不得随意改动支护结构的受力状态或在支护结构上随意增加支护设计未考虑的大量施工荷载。

（8）当挡土桩间存在间隙，应在背面设旋喷止水桩挡水，避免出现流水缺口，造成水土流失，涌入基坑。挡土桩与旋喷止水桩间必须严密结合，使之形成封闭止水幕，阻止桩后土壤在动水压力作用下大量流入基坑。

（9）当经监测出现位移时，应在位移较大部位卸荷和补桩，或在该部位进行水泥压浆加固土层。

（10）大型机械行驶及机械开挖应防止损坏给水、排水管道，发现破裂应及时修复。

5. 工程实例图片

图 1-1　基坑位移

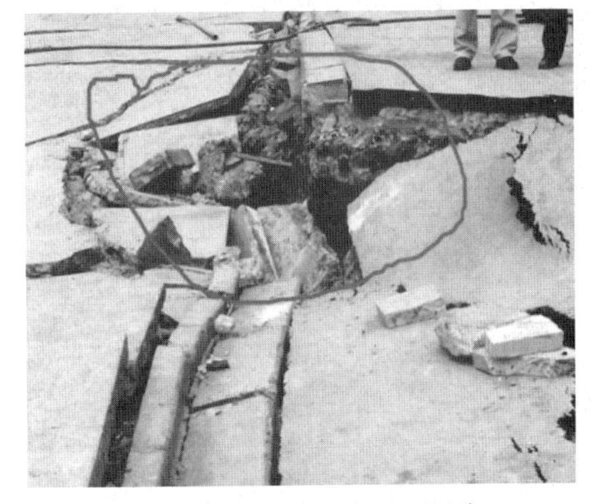

图 1-2　基坑位移引起地面下陷

图 1-3　基坑滑坡

图 1-4　基坑塌方

图 1-5　基坑管涌流沙

图 1-6　基坑挡土桩锚杆施工得当

图 1-7　基坑喷浆护坡及时

图 1-8　基坑支护现场检测

1.2　土方回填不符合要求

1. 问题现象

（1）回填场地出现积水。

（2）填方土碾压不实，出现橡皮土。

（3）回填土密实度达不到设计和规范要求，填土场地在荷载作用下，地基引起比较大的变形，地基稳定性降低。

（4）基础工程完工后未及时进行土方回填。

2. 原因分析

（1）由于场地平整面积过大、填土过深以及未分层夯实；场地周围没有设置排水沟、截水沟等排水设施，或者排水设施设置不合理，排水坡度不满足要求以及测量误差超过规范要求等原因，导致场地内在平整以后出现局部或大面积积水。

（2）土料不符合设计或施工规范要求，有机质超过规范要求（大于5%）。施工中使用了含水量比较大的腐殖土以及泥炭土或者黏土、亚黏土等原状土土料回填，夯实以后，基土发生颤动、受压区四周鼓起形成隆起状态、土体长时间不稳定。

（3）土料含水量太小，影响了夯实（碾压）的效果，造成夯实（碾压）不密实；含水量太大，则易形成橡皮土。

（4）填土过厚，未分层夯实或机械碾压夯实能力不够。

（5）施工人员对设计文件及相关规范、标准不熟悉，施工现场管理不到位。

3. 相关规范和标准要求

《建筑地基基础工程施工质量验收规范》（GB 50202—2002）的相关要求如下：

6.3　土方回填

6.3.1 土方回填前应清除基底的垃圾、树根等杂物，抽除坑穴积水、淤泥，验收基底标高。如在耕植土或松土上填方，应在基底压实后再进行。

6.3.2 对填方土料应按设计要求验收后方可填入。

6.3.3 填方施工过程中应检查排水措施、每层填筑厚度、含水量控制、压实程度。填筑厚度及压实遍数应根据土质、压实系数及所用机具确定。如无试验依据，应符合表6.3.3的规定。

表6.3.3 填土施工时的分层厚度及压实遍数

压实机具	分层厚度（mm）	每层压实遍数
平碾	250～300	6～8
振动压实机	250～350	3～4
柴油打夯机	200～250	3～4
人工打夯	<200	3～4

6.3.4 填方施工结束后，应检查标高、边坡坡度、压实程度等，检验标准应符合表6.3.4的规定。

表6.3.4 填土工程质量检验标准 （mm）

项	序	检查项目	允许偏差或允许值					检验方法
			柱基基坑基槽	场地平整		管沟	地（路）面基础层	
				人工	机械			
主控项目	1	标高	－50	±30	±50	－50	－50	水准仪
	2	分层压实系数	设计要求					按规定方法
一般项目	1	回填土料	20	20	50	20	20	用2m靠尺和楔形塞尺检查
	2	分层厚度及含水量	设度要求					观察或土样分析
	3	表面平整度	20	20	30	20	20	用塞尺或水准仪

4. 预防措施

（1）在施工前结合当地水文地质情况，合理设置场地排水坡（要求坑内不积水、沟内排水畅通）、排水沟等设施，并尽量与永久性排水设施相结合。如工期跨雨期的，要做好雨期施工现场排水措施。

（2）填土密实度应根据工程性质的要求而定，压实系数等于土的控制干密度除以土的最大干密度。场地回填土按规定分层回填夯实，要使土的相对密实度不低于85%。

（3）选择回填的土料及其性质必须符合设计要求，回填土料应“手握成团、落地开花”。

（4）回填前，基坑内不允许有垃圾、树根等杂物，及时清除基坑内积水、淤泥。

（5）加强回填土施工现场管理，严格依照设计文件及相关规范、标准要求施工。

5. 工程实例图片

图 1-9　基础完工后未及时回填

图 1-10　回填土料不符合要求（一）

图 1-11　回填土料不符合要求（二）

图 1-12　回填土料含水量大，不符合要求

图 1-13　回填土料中含有腐殖土

图 1-14　回填土料符合要求

图 1-15　回填质量好

图 1-16　回填施工规范

1.3　地基处理不当

1. 问题现象

（1）砂、石等原材料质量不满足设计要求。

（2）砂、石未按设计要求试拌，搅拌不均匀。

（3）砂石地基碾压完成后不密实，存在松散颗粒。

2. 原因分析

（1）材料采购人员不熟悉相关规范、标准，对原材料采购把关不严。施工管理人员对材料进场的管理及检验出现漏洞。

（2）砂、石未按照设计要求试拌，搅拌不均匀。

（3）分层铺设厚度及碾压遍数未达到设计要求。

3. 相关规范和标准要求

《建筑地基基础工程施工质量验收规范》（GB 50202—2002）的相关要求如下：

4.3.1　砂、石等原材料的质量、配合比应符合设计要求，砂、石搅拌应均匀。

4.3.2　施工过程中必须检查分层厚度和分段施工时搭接部分的压实情况、加水量、压实遍数、压实系数。

4.3.3　施工结束后，应检查砂石地基的承载力。

4. 预防措施

（1）材料采购人员、施工管理人员应熟练掌握相关规范、标准，把好材料采购质量关及进场检验关。

（2）砂石地基施工作业前应做好基底的清理及验槽工作。

（3）依照设计文件要求做好砂石材料的级配试拌工作。

（4）施工作业时应控制分层厚度（对照设计要求）。机械碾压作业时，人工应配合作业，确保碾压遍数和压实系数满足设计要求。

（5）施工结束后及时进行承载力检测试验。

5. 工程实例图片

图 1-17　石子粒径不符合要求

图 1-18　砂子含泥量大、粒径小

图 1-19　砂石不密实、均匀性差

图 1-20　施工工序不符合要求

图 1-21　砂石碾压工序合理

图 1-22　碾压后观感质量好

第2章　砌体结构工程

2.1　砌体组砌混乱、墙面不平

1. 问题现象

（1）砌块尺寸存在较大偏差，强度达不到设计要求。

（2）砌筑顺序及组砌方式不符合规范要求。

（3）灰缝不齐且饱满度达不到设计要求。砌体水平灰缝砂浆饱满度低于80%；竖缝出现瞎缝，特别是空心砖墙，常出现较多的透明缝；砖在砌筑前未浇水湿润，干砖上墙，或铺灰长度过长，致使砂浆与砖粘结不良；竖缝砂浆达不到80%或根本无砂浆，砌体出现假缝、瞎缝、透明缝。

2. 原因分析

（1）施工人员不熟悉设计文件及相关标准、规范要求。

（2）材料采购及进场管理把关不严，检查、验收不到位。

（3）施工前技术交底及准备工作不充分，施工过程管理脱节，质量检查不到位。

3. 相关规范和标准要求

《砌体结构工程施工质量验收规范》（GB 50203—2011）的相关要求如下：

3.0.2　*砌体结构施工前，应编制砌体结构工程施工方案。*

3.0.7　*砌筑墙体应设置皮数杆。*

5.2.1　*砖和砂浆的强度等级不需符合设计要求。*

5.3.1　*砖砌体组砌方法应正确，内外搭砌，上下错缝。*

5.3.3　*砖砌体尺寸、位置的允许偏差应符合表5.3.3的规定。*

4. 预防措施

（1）施工前应编制砌体结构工程施工方案。

（2）施工及管理人员应熟悉设计文件及相关标准、规范要求，提高专业素养和管理水平。

（3）加强材料的采购及进场管理工作。

（4）改善砂浆和易性是确保灰缝砂浆饱满度和提高粘结强度的关键。

（5）改进砌筑方法。不宜采取铺浆法或摆砖砌筑，应推广“三一砌砖法”，即使用大铲，“一块砖、一铲灰、一挤揉”的砌筑方法。

（6）当采用铺浆法砌筑时，必须控制铺浆的长度，一般气温情况下不得超过750mm，当施工期间气温超过30℃时，不得超过500mm。

（7）严禁用干砖砌墙。砌筑前1～2d应将砖浇湿，使砌筑时烧结普通砖和多孔砖的含水率达到10%～15%；灰砂砖和粉煤灰砖的含水率达到8%～12%。

（8）冬期施工时，在正温度条件下应将砖面适当湿润后再砌筑。负温度下施工无法浇砖时，应适当增大砂浆的稠度。在严冬无法浇砖情况下，不能进行砌筑。

5. 工程实例图片

图 2-1　组砌方式不正确

图 2-2　墙体顶部斜砌砖灰浆饱满度差

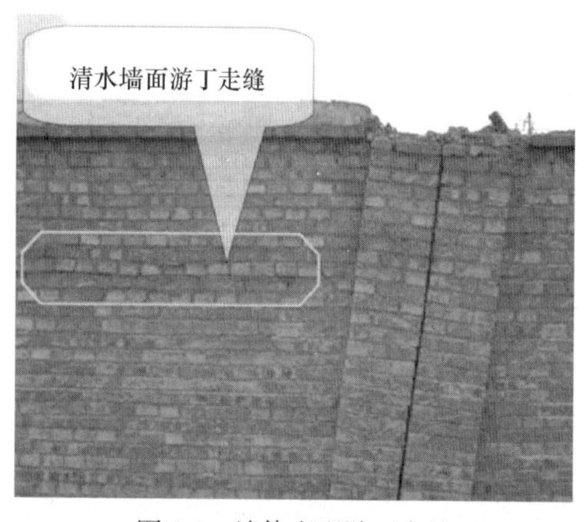

图 2-3　墙体出现游丁走缝

图 2-4　墙体顶部斜砌砖砌筑不正确

图 2-5　墙体竖向灰缝出现瞎缝

图 2-6　墙体砌筑灰缝不饱满

图 2-7　砌块灰浆不饱满

图 2-8　灰缝不齐

图 2-9　使用严重缺棱掉角的砖

图 2-10　灰缝砂浆不饱满

图 2-11　墙体砌筑方式得当

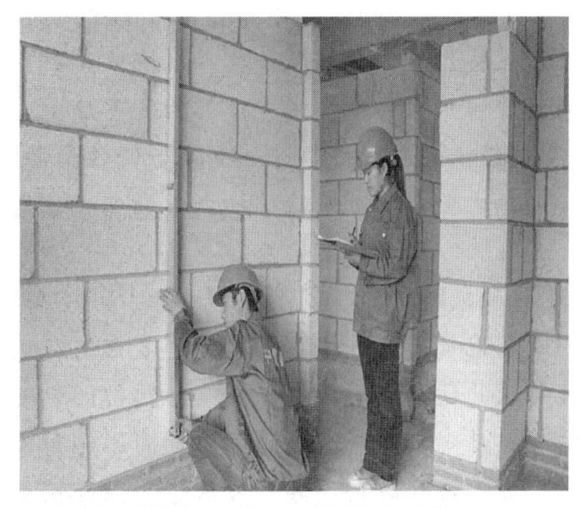

图 2-12　施工过程检查到位

图 2-13　砌体质量较好，灰缝饱满

图 2-14　砌体质量观感良好

2.2　留茬接茬不严

1. 问题现象

（1）墙体转角处或纵横墙交接处砌筑不连续时未按要求留槎。

（2）留槎不合理（不留或为阴槎），接槎不到位。

2. 原因分析

（1）施工人员不熟悉设计文件及相关标准、规范要求。

（2）施工准备工作不充分，技术交底未落实。

（3）施工单位内控体系不健全，过程管理不到位。

3. 相关规范和标准要求

《砌体结构工程施工质量验收规范》（GB 50203—2011）的相关要求如下：

5.2.3　砖砌体的转角处和交接处应同时砌筑，严禁无可靠措施的内外墙分砌施工。在抗震设防烈度为 8 度及 8 度以上地区，对不能同时砌筑而又必须留置的临时间断处应砌成斜槎，普通砖砌体斜槎水平投影长度不应小于高度的 2/3，多孔砖砌体的斜槎长高比不应小于 1/2。斜槎高度不得超过一步脚手架的高度。

抽检数量：每检验批抽查不应少于 5 处。

检验方法：观察检查。

【条文解读】

在地震荷载作用下，墙体总是首先在最薄弱的部位开裂，形成初始开裂状态，伴随着地震荷载的反复作用，进而使墙体的初始裂缝迅速发展，最后导致墙体破坏和房屋倒塌。砌体结构房屋中墙体最薄弱的部位是墙体转角处和内外墙连接处。其中，墙体转角处为纵横墙的交汇点，地震作用下其应力状态复杂，较易破坏。此外，发生扭转时，墙角处位移反应较其他部位大，也容易受到破坏；内外墙连接处也是房屋的薄弱部位，极易被拉开，如施工质量不良，将造成纵横和山墙外闪。

陕西省建筑科学研究院曾专门进行过砖砌体接槎形式对墙体受力性能的试验研究，得到以下结论：①纵横墙同时砌筑的整体连接性能最好；②留斜槎的整体性能次之，较纵、横墙同时砌筑时低7%左右；③留直槎并设拉结筋的整体性比留斜槎的整体性要差，较纵、横墙同时砌筑时低15%左右；④只留直槎不加设连接钢筋的接槎性能最差，较纵、横墙同时砌筑时低28%。

因此，规范规定："砌体转角处和交接处应同时砌筑，严禁无可靠措施的内外墙分砌施工。在工程施工中，有时在砖砌体的转角处和交接处需要临时间断，但是该处难予同时砌筑，对此，规范还规定对不能同时砌筑的砌体，应砌成斜槎。因为斜槎砌筑与同时砌筑对墙体的整体性和结构受力差异并不明显。

4. 预防措施

(1) 做好施工准备及技术交底工作。

(2) 加强施工过程管理及质量检查验收。

(3) 实行样板引领带动与技术培训跟进相结合的措施，提升业务素质。

(4) 严格按照相关标准及规范要求组织施工。

5. 工程实例图片

图 2-15 未按要求留槎（错误）

图 2-16 留置阴槎（错误）

图 2-17 斜槎留置合理

图 2-18 构造柱马牙槎留置正确

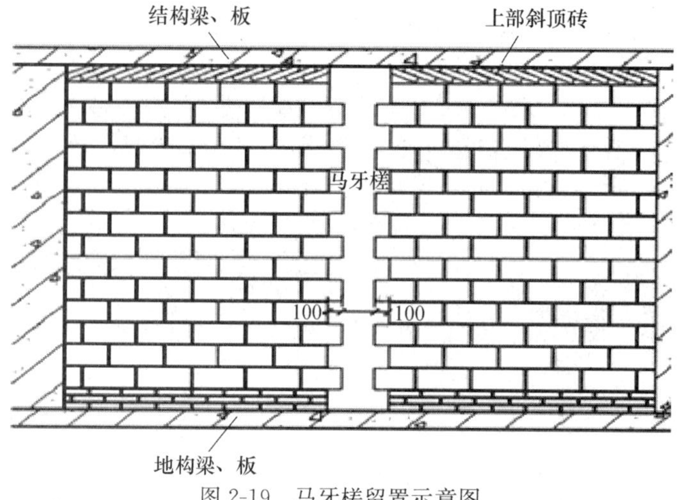

图 2-19　马牙槎留置示意图

2.3　拉结钢筋数量不符合要求

1. 问题现象

（1）拉结筋预埋位置不准确，竖向位置不符合砌块模数，弯折压在砂浆内；水平位置不准确，未压制在砂浆灰缝内。

（2）拉结筋未按标准及规范要求设置，数量不够。

2. 原因分析

（1）施工管理人员技术交底不到位，操作人员施工过程中疏忽大意。

（2）施工过程中质量检查验收不到位。

（3）施工监理的工作不到位。

（4）施工过程的技术保障措施不到位。

3. 相关规范和标准要求

《砌体结构工程施工质量验收规范》（GB 50203—2011）的相关要求如下：

5.2.4　非抗震设防及抗震设防烈度为 6 度、7 度地区的砌体临时间断处，当不能留斜槎，除转角处外，可留直槎，但直槎必须做成凸槎，且应加设拉结钢筋。

说明：砌体拉结钢筋的品种、级别或规格、数量及长度、设置部位等必须符合规范和设计要求，其末端应有 90°弯钩。后置拉结钢筋应采用化学植筋锚固，严禁采用膨胀锚栓焊接方式；化学植筋应按每批总数的 1‰且不少于 3 根进行抗拔承载力现场检验。

4. 预防措施

（1）砌筑前应先排砖，立皮数杆，根据已预埋的砌体加筋位置调整灰缝厚度，保证拉结钢筋埋设在灰缝中，位置不准的或漏埋的钢筋采用后置筋补植。

（2）严格工序过程控制，保证砌体加筋通长绑扎设置。

（3）框架柱间填充墙拉结筋应满足砌块模数要求，并预埋在框架柱内，不得折弯压入砖缝。当采用植筋方法时应有可靠措施，并按《混凝土结构后锚固技术规程》(JGJ 145—2013)进行拉拔试验。

5. 工程实例图片

图 2-20　拉结筋保护不到位

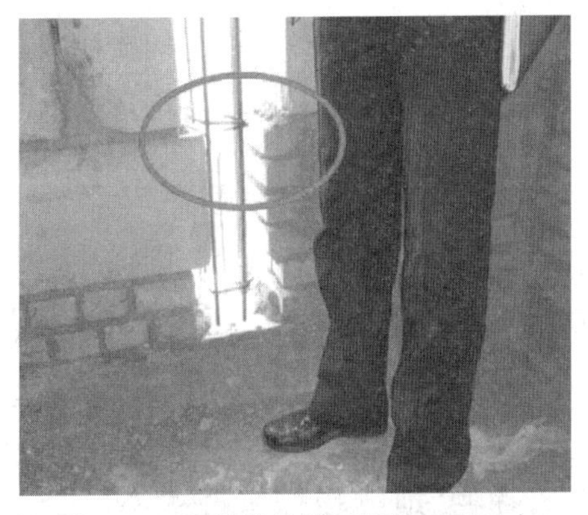

图 2-21　未设拉结筋且箍筋间距过大

图 2-22　留置直槎未放拉结筋

图 2-23　拉结筋长度不满足要求

图 2-24　拉结筋设置合理

2.4 填充墙未按规范要求设置构造措施

1. 问题现象

（1）填充墙未按要求设置构造柱。

（2）填充墙未按要求设置构造梁。

2. 原因分析

（1）施工人员对设计文件及规范、标准不熟悉。

（2）施工人员偷工减料，擅自改变墙体与主体结构的连接构造方法。

（3）施工过程的监督管理与技术保障措施不到位。

3. 相关规范和标准要求

《砌体结构工程施工质量验收规范》（GB 50203—2011）的相关要求如下：

9.2.2 填充墙砌体应与主体结构可靠连接，其连接构造应符合设计要求，未经设计同意，不得随意改变连接构造方法。每一填充墙与柱的拉结筋的位置超过一皮块体高度的数量不得多于一处。

抽检数量：每检验批抽查不应少于5处。

检验方法：观察检查。

【条文解读】

地震灾害表明，填充墙尽管作为非结构构件，但仍参与承担地震作用，而且往往在中等地震作用下，主体结构尚未破坏，填充墙就遭到严重破坏。填充墙的破坏，影响建筑的使用功能，增加了修复费用，严重的填充墙破坏甚至可能危及结构的安全，造成人员伤害。

根据受力分析，一般认为填充墙在水平地震作用下仍然参与了结构体系的剪力分配，并与框架结构之间存在复杂的相互作用，这便是填充墙的刚度效应。这种刚度效应可导致填充墙框架结构在地震作用下发生软弱层破坏或扭转破坏，从而引起结构严重受损甚至倒塌。

除了填充墙的刚度效应之外，填充墙还会对主体结构的梁、柱和墙产生约束效应，改变主体结构的受力状态，可能使结构的实际状态与设计假定发生较大的偏离，这无疑增加了结构在地震中的危险性。例如，当填充墙开洞口时，与填充墙相接的框架柱在水平地震力作用下会形成“短柱”而剪坏。

填充墙与框架的连接，可根据设计要求采用脱开或不脱开方法。有抗震设防要求时宜采用填充墙与框架脱开的方法。

1. 当填充墙与框架采用脱开的方法时，宜符合下列要求：

（1）填充墙两端与框架柱，填充墙顶面与框架梁之间留出不小于20mm的间隙。

（2）填充墙两端与框架柱、梁之间宜用柔性连接，墙体宜卡入设在梁、板底及柱侧的卡口铁件内。

（3）填充墙长度超过5m或墙长大于2倍层高时，中间应加设构造柱；柱的宽度不小于100mm。柱的竖向钢筋不宜小于$\phi10$，拉筋或箍筋宜为$\phi R5$，竖向间距不宜大于400mm。竖向钢筋与框架梁或其挑出部分的预埋件或预留钢筋连接，绑扎接头时不小于$30d$，焊接时（单面焊）不小于$10d$（d为钢筋直径）。

（4）墙体高度超过4m时宜在墙高中部设置与柱连通的水平系梁。水平系梁的截面高度不小于60mm。填充墙高不宜大于6m。

（5）填充墙与框架柱、梁的缝隙可采用聚苯乙烯泡沫塑料板条或聚氨酯发泡充填，并用硅酮胶或其他弹性密封材料封缝。

（6）所有连接用钢筋、金属配件、铁件、预埋件等均应作防腐防锈处理，并应符合本规范（注：系指GB 50003）4.3的规定。嵌缝材料应能满足变形和防护要求。

2. 当填充墙与框架采用不脱开的方法时，宜符合下列要求：

（1）沿柱高每隔500mm配置2根直径6mm的拉接钢筋（墙厚大于240mm时配置3根直径6mm），钢筋伸入填充墙长度不宜小于700mm，且拉结钢筋应错开截断，相距不宜小于200mm。填充墙墙顶应与框架梁紧密结合。顶面与上部结构接触处宜用一皮砖或配砖斜砌楔紧。

（2）当填充墙有洞口时，宜在窗洞口的上端或下端、门洞口的上端设置钢筋混凝土带，钢筋混凝土带应与过梁的混凝土同时浇筑，其过梁的断面及配筋由设计确定。钢筋混凝土带的混凝土强度等级不小于C20。当有洞口的填充墙尽端至门窗洞口边距离小于240mm时，宜采用钢筋混凝土门窗框。

（3）填充墙长度超过5m或墙长大于2倍层高时，墙顶与梁宜有拉接措施，中间应加设构造柱；墙高度超过4m时宜在墙高中部设置与柱连接的水平系梁，墙高超过6m时，宜沿墙高每2m设置与柱连接的水平系梁，梁的截面高度不小于60mm。

综上所述，填充墙与主体结构之间的连接构造将影响主体结构的受力及填充墙的受力状态，连接构造如不合理，将产生不良后果，甚至引起结构破坏。因此，在施工中必须严格按照设计要求进行施工，不得随意改变连接构造。

4. 预防措施

（1）填充墙长度超过5m或墙长大于2倍层高时，墙顶与梁宜有拉接措施，墙体中部应加设构造柱。

（2）填充墙高度超过4m时宜在墙高中部设置与柱连接的水平系梁，墙高超过6m时，宜沿墙高每2m设置与柱连接的水平系梁，梁的截面高度不小于60mm。

（3）施工前应熟悉设计文件及相关规范、标准。

（4）施工过程应加强巡视检查及分项验收，发现问题，及时整改。

5. 工程实例图片

图 2-25 墙体未设置构造柱、梁

图 2-26 墙体未设置构造柱

图 2-27 构造柱顶端未植筋

图 2-28 窗台压顶未先浇，深入墙内小于 150mm

图 2-29 墙体砌筑未设构造柱

图 2-30 构造柱箍筋间距过大

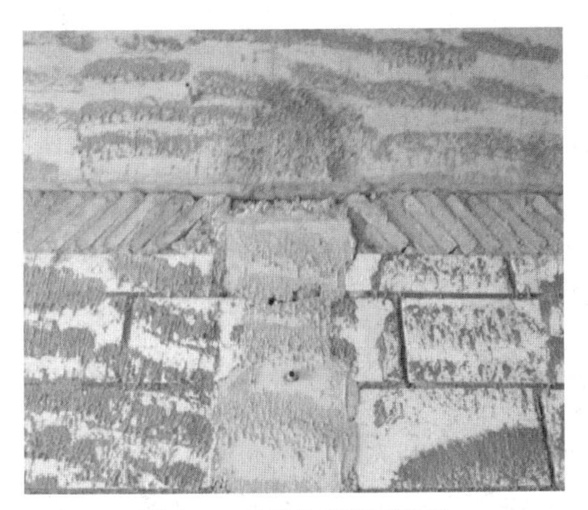

图 2-31　构造柱顶端不密实

图 2-32　构造柱钢筋不规范及规范做法

图 2-33　填充墙构造措施合理（一）

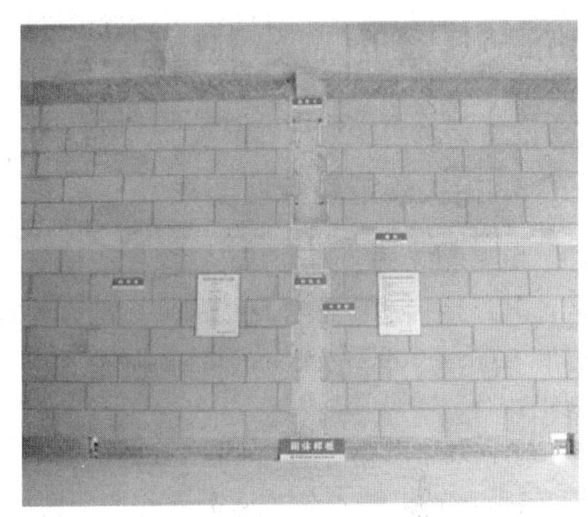

图 2-34　填充墙构造措施合理（二）

图 2-35　填充墙构造措施合理（三）

图 2-36　填充墙构造措施合理（四）

2.5 填充墙的墙体裂缝

1. 问题现象

（1）填充墙与混凝土梁、板或墙（柱）等不同材料交接处出现裂缝。

（2）门洞上角砌体产生斜向贯通裂缝及窗洞上角、窗台角产生斜裂缝。

（3）在填充墙中部及洞口产生斜向或竖向裂缝。

（4）墙身埋设线管开槽部位不正确或沿开槽部位产生裂缝。

2. 原因分析

（1）填充墙与混凝土梁、板或墙（柱）等不同材料交接处施工工艺不合理，构造措施不到位。

（2）门窗洞口上方未设置过梁或过梁搭接长度不足。

（3）填充墙自身的强度、刚度不足。

（4）管线开槽部位不正确或保护措施不到位。

3. 相关规范和标准要求

填充墙应与主体结构可靠连接或锚固，当设计未明确时，在抗震设防裂度6～9度地区，其连接构造应符合现行国家标准《建筑抗震设计规范》GB 50011及《建筑抗震鉴定标准》GB 50023的规定。（注：后砌的非承重砌体隔墙与主体结构的连接，可参照本条规定执行。）

填充墙沿柱高每隔500mm配置2根直径6mm的拉结钢筋（墙厚大于240mm时配置3根直径6mm），钢筋伸入填充墙长度不宜小于700mm，且拉结钢筋应错开截断，相距不宜小于200mm。填充墙墙顶应与框架梁紧密结合。顶面与上部结构接触处宜用一皮砖或配砖斜砌楔紧。粉刷前，不同基体材料交接处应采取钉钢丝网等抗裂措施。钢丝网与不同基体的搭接宽度每边不小于100mm。

填充墙有洞口时，宜在窗洞口的上端或下端、门洞口的上端设置钢筋混凝土带，钢筋混凝土带应与过梁的混凝土同时浇筑。钢筋混凝土带的混凝土强度等级不小于C_{20}。当有洞口的填充墙尽端至门窗洞口边距离小于240mm时，宜采用钢筋混凝土门窗框。

预制过梁应严格按设计图集施工，确保几何尺寸。预制梁、板安放时搁置顶面必须找平坐浆。预制梁搁置长度不少于24cm，预制板搁置长度在砌体上不少于10cm、在混凝土梁上不少于8cm；预制板安装施工时必须按规定进行堵头灌浆和拼缝吊模处理。

4. 预防措施

设计方面：

（1）砌体工程的顶层和底层应设置通长钢筋混凝土窗台梁，窗台梁高度不宜小于120mm，纵筋不少于4ϕ10，箍筋ϕ6间距200，混凝土为C_{20}；顶层砌体房屋两端圈梁下的墙体宜沿高度每隔400～500mm设不少于3ϕ6的纵向钢筋，与端开间两侧构造柱可靠拉结；

顶层砌体房屋两端墙体内适当增设构造柱。

（2）混凝土小型空心砌块、蒸压加气混凝土砌块等用于框架填充墙的轻质墙体，宜增设构造柱，间距不大于4.5m。墙高大于3.5m时，墙体半高处宜设置与柱连接且沿墙全长贯通的高度不小于120mm的钢筋混凝土水平系梁。砌体无约束端部应增设构造柱，预留的门窗洞宜采取混凝土框加强。

（3）顶层圈梁高度不宜超过240mm。顶层砌筑砂浆的强度等级不应小于M7.5。

（4）主体与阳台栏板之间的拉结筋必须预埋在主体之中。

（5）在两种不同基体交接处，应采用钢丝网抹灰或耐碱玻璃网布聚合物砂浆加强带进行处理，加强带与各基体的搭接宽度不应小于150mm，顶层粉刷砂浆中宜掺入抗裂纤维。

（6）灰砂砖、粉煤灰砖、蒸压加气混凝土砌块宜采用专用砌筑砂浆砌筑。

（7）顶层框架填充墙不宜采用灰砂砖、粉煤灰砖、混凝土空心砌块、蒸压加气混凝土砌块等材料；当采用上述材料时，墙面应采取满铺钢丝网粉刷等必要的措施。

施工方面：

（1）小砌块的产品龄期现场无法测定，宜适当提前进场并留置一段时间再砌筑。

（2）加强对砌块进场验收管理，做到砌块到达龄期后才使用；蒸压灰砂砖、粉煤灰砖、加气混凝土砌块的出厂停放期宜为45d且不应小于28d，上墙含水率宜为5%～8%。混凝土小型空心砌块的龄期不应小于28d，并不得在饱和水状态下施工。

（3）填充墙砌至接近梁、板底时，应预留3/4标准砖高度的空隙，待填充墙砌筑完并应至少间隔14d后，方可将其用侧砖补砌挤紧或用干硬性砂浆嵌塞密实。补砌时，对双侧竖缝用砌筑砂浆或混合水泥砂浆嵌填密实。

（4）填充墙与框架柱（墙）交接处，压缝宽度为20mm，并用砂浆填塞密实，在加贴网片前浇水湿润，在300mm范围内底子灰宜用纤维砂浆打底，网片应在抹灰层中间或偏外2/3层厚处，不能紧贴基层。砌块与钢筋混凝土构件的接缝处可用1：1水泥砂浆（内掺水重20%的白乳胶）粘贴耐碱玻璃纤维网格布（钢丝网），做防止开裂的处理措施。

（5）当墙体上开设门窗洞口时，且墙体洞口大于300mm时，为了支撑洞口上部砌体所传来的各种荷载，并将这些荷载传给门窗等洞口两边的墙，门窗洞口处应按规定设置钢筋混凝土过梁。

（6）过梁入墙长度不够时，应进行植筋，对后植钢筋应进行拉拔检验，确保锚固力满足要求。

（7）砌体结构坡屋顶卧梁下口的砌体应砌成踏步形。

（8）砌体结构砌筑完成后宜60d后再抹灰，且不得少于30d。

（9）通长现浇钢筋混凝土板带应一次浇筑完成。

（10）不得打凿墙体和在墙体上开凿水平沟槽，开槽宜使用锯槽机，线管安装应牢固，抹灰必须先填沟槽，后挂钢丝防裂网。

（11）对已完成装饰抹灰后开槽的，应在水泥砂浆中加入石灰膏，减少收缩量。

（12）后浇筑、填充墙构造柱等二次构件，在混凝土浇筑时上面做一个喇叭口将混凝土浇筑，或在板上预留浇筑洞口，保证构造柱混凝土振捣密实，混凝土达到一定的强度后，将喇叭口拆掉，板上预留洞进行封堵。

图 2-37　填充墙出现斜向裂缝

图 2-38　填充墙出现“X 裂缝”

图 2-39　填充墙构造措施合理

第3章　模板工程

3.1　轴线位移

1. 问题现象

混凝土浇筑完成模板拆除后，柱、墙、梁实际位置与建筑物轴线位置有偏移。

2. 原因分析

（1）支设模板前，未对模板及其支承体系进行专门设计计算。
（2）支设模板前，未对模板轴线进行技术复核验收。
（3）支模时，水平、竖向位置控制不到位。
（4）混凝土浇筑前，未对模板轴线、支架、顶撑、螺栓进行检查、复核。
（5）混凝土浇筑过程中对模板扰动过大，产生了移位现象。

3. 相关规范和标准要求

《混凝土结构工程施工质量验收规范》（GB 50204—2002）（2010版）的相关要求如下：

4.1.1　模板及其支架应根据工程结构形式、荷载大小、地基土类别、施工设备和材料供应等条件进行设计。模板及支架应具有足够的承载能力、刚度和稳定性，能可靠地承受浇筑混凝土的重量、侧压力以及施工荷载。

4.1.2　在浇筑混凝土前，应对模板工程进行验收。模板安装和浇筑混凝土时，应对模板及其支架进行观察和维护。发生异常情况时，应按施工技术方案及时进行处理。

4. 预防措施

（1）根据混凝土结构形式和特点，对模板进行专门设计，以保证模板及其支架具有足够强度、刚度及稳定性。

（2）模板轴线测放后，应组织进行技术复核验收，确认无误后才能支模。

（3）墙、柱模板根部和顶部必须设可靠的限位措施，如可采用现浇楼板混凝土上预埋短钢筋固定钢支承等措施，以保证模板支设位置准确。

（4）支模时要拉水平、竖向通线，并设竖向垂直度控制线，以保证模板水平、竖向位置准确。

（5）混凝土浇筑前，对模板轴线、支架、顶撑、螺栓进行认真检查、复核，发现问题及时进行处理。

（6）混凝土浇筑时，要均匀对称下料，浇筑高度应严格控制在施工规范允许的范围内，防止扰动模板发生移位现象。

5. 工程实例图片

图 3-1　梁的轴线发生偏移

图 3-2　梁钢筋的轴线发生偏移

图 3-3　梁、板模板支设合理

图 3-4　梁、板模板支设规范

3.2　标高偏差

1. 问题现象

(1) 混凝土结构层标高与施工图设计标高之间有偏差。

(2) 预埋件、预留孔洞的标高与施工图设计标高之间有偏差。

2. 原因分析

(1) 各楼层未留设标高控制点或标高控制点数量不足。

(2) 模板标高标记不到位或施工过程控制不严格。

(3) 预埋件及预留孔洞，在模板安装前未与图纸对照确认固定。

(4) 混凝土浇筑过程中方法不当。

(5) 高层建筑标高控制线转测次数过多，累计误差过大。

（6）楼梯踏步建筑模板未考虑装修层厚度。

3. 相关规范和标准要求

《混凝土结构工程施工质量验收规范》（GB 50204—2002）（2010 版）的要求如下：

4.2.6　固定在模板上的预埋件、预留孔和预留洞均不得遗漏，且应安装牢固，其偏差应符合表 4.2.6 的规定。

表 4.2.6　预埋件和预留孔洞的允许偏差

项目		允许偏差（mm）
预埋钢板中心线位置		3
预埋管、预留孔中心线位置		3
插筋	中心线位置	5
	外露长度	+10 0
预埋螺栓	中心线位置	2
	外露长度	+10 0
预留洞	中心线位置	10
	尺寸	+10 0

注：检查中心线位置时。应沿纵、横两个方向量测，并取其中的最大值。

4.2.7　现浇结构模板安装的偏差应符合表 4.2.7 的规定。

表 4.2.7　现浇结构模板安装的偏差及检验方法

项目		允许偏差（mm）	检验方法
轴线位置		5	钢尺检查
底模上表面标高		±5	水准仪或拉线、钢尺检查
截面内部尺寸	基础	±10	钢尺检查
	柱、墙、梁	+4 −5	钢尺检查
层高垂直度	不大于 5m	6	经纬仪或吊线、钢尺检查
	大于 5m	8	经纬仪或吊线、钢尺检查
相邻两板表面高低差		2	钢尺检查
表面平整度		5	2m 靠尺和塞尺检查

注：检查中心线位置时。应沿纵、横两个方向量测，并取其中的最大值。

4. 预防措施

（1）每层楼设足够的标高控制点，竖向模板根部须做找平。

（2）模板顶部设标高标记，严格按标记进行施工控制。

（3）建筑楼层标高由首层±0.000 标高控制，严禁逐层向上引测，以防止累计误差。当建筑高度超过 30m 时，应另设标高控制线，每层标高设测点应不少于 2 个，以便复核。

（4）预埋件及预留孔洞，在模板安装前应与图纸对照，确认无误后，准确固定在设计位置上，如采用点焊或套框等方法将其固定。在浇筑混凝土时，应沿其周围分层均匀浇筑，严禁碰击和震动预埋件与模板。

（5）楼梯踏步模板安装时应考虑装修层厚度。

5. 工程实例图片

图 3-5　模板楼层标高控制线

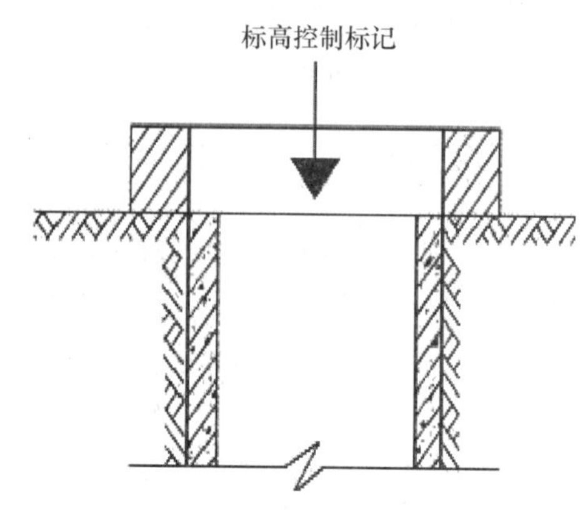

图 3-6　模板标高控制标记

图 3-7　楼层标高控制校核

图 3-8　预埋件安装固定

图 3-9　模板安装标高控制检验

图 3-10　预留洞口模板安装

3.3　接缝不严或清理不净

1. 问题现象

（1）模板间接缝不严有间隙，混凝土浇筑时产生漏浆，混凝土表面出现蜂窝，严重的出现孔洞、露筋。

（2）模板内残留木块、浮浆残渣、碎石等建筑垃圾，拆模后发现混凝土中有缝隙，且有垃圾夹杂物。

2. 原因分析

（1）模板嵌缝措施不到位或嵌缝材料选用不当。

（2）模板支承不牢靠，发生错位未及时校正。

（3）模板边框（边角）发生变形未及时修正。

（4）钢筋绑扎完毕后封模前，模内垃圾清理不及时或不彻底。

3. 相关规范和标准要求

《混凝土结构工程施工质量验收规范》（GB 50204—2002）（2010 版）的相关要求如下：

4.2.3　模板安装应满足下列要求：

1. 模板的接缝不应漏浆；在浇筑混凝土前，木模板应浇水湿润，但模板内不应有积水。

2. 模板与混凝土的接触面应清理干净并涂刷隔离剂，但不得采用影响结构性能或装饰工程施工的隔离剂。

3. 浇筑混凝土前，模板内的杂物应清理干净。

4. 对清水混凝土工程及装饰混凝土工程，应使用能达到设计效果的模板。

4. 预防措施

（1）模板间嵌缝要有控制措施，缝隙可垫海绵条挤紧，并用胶带封严，严禁用泡沫板、塑料布，水泥袋等去嵌缝堵漏。

（2）梁、柱交接部位支承要牢靠，拼缝要严密（必要时缝间可采用密封胶带），发生错位要及时校正。

（3）定型钢模板有变形，特别是外边框变形的，要及时修整平直。

（4）钢筋绑扎完毕，用压缩空气或压力水清除模板内垃圾。

（5）在封模前，派专人将模内垃圾清除干净。

（6）墙柱根部、梁柱接头外预留清扫孔，预留孔尺寸不小于 100mm×100mm，模内垃圾清除完毕后及时将清扫口处封严。

5. 工程实例图片

图 3-11　拆模过早或未涂刷脱模剂

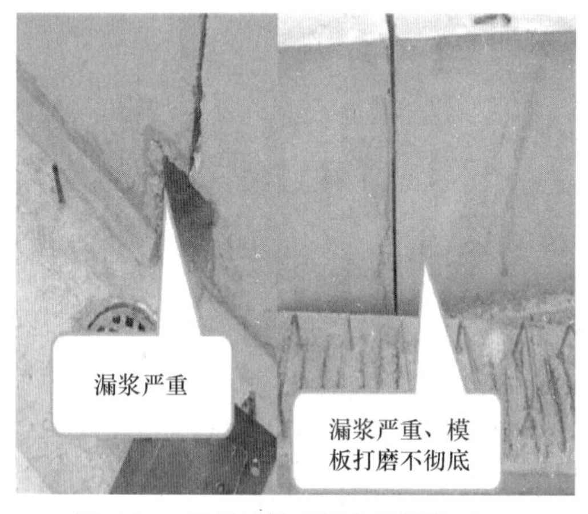

图 3-12　模板接缝不严出现漏浆（一）

图 3-13　模板接缝不严出现漏浆（二）

图 3-14　模板内部清理不干净

图 3-15　模板接缝不严出现漏浆

图 3-16　模板接缝不严或内部清理不干净

图 3-17　模板内部清理干净

图 3-18　模板接缝严密

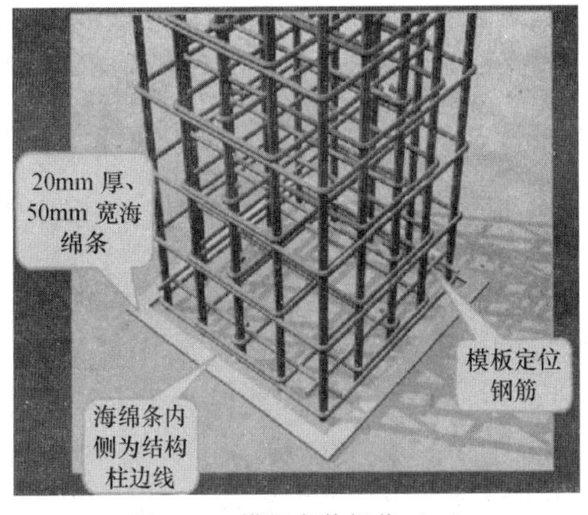

图 3-19　模板安装规范（一）

图 3-20　模板安装规范（二）

3.4 模板支承体系选配不当

1. 问题现象

模板支承体系不合理或支承方法不当，结构混凝土浇筑时产生变形。

2. 原因分析

（1）支设前未对模板支承系统进行验算复核，模板及其支架没有足够的承载力、刚度和稳定性。

（2）支承体系的基底不可靠、不坚实。

（3）模板的支承系统布置不合理。

（4）后浇带的模板及其支架未独立设置。

3. 相关规范和标准要求

《混凝土结构工程施工质量验收规范》（GB 50204—2002）（2010 版）的相关要求如下：

4.2.1 安装现浇混凝土的上层模板及其支架时，下层模板应具有承受上层荷载的承载能力，或加设支架；上下层支架的立柱应对准，并铺设垫板。

4.2.4 用作模板的地坪、胎模等应平整光洁，不得产生影响构件质量的下沉、裂缝、起砂或起鼓。

4.2.5 对跨度不小于 4M 的现浇混凝土梁、板，其模板应按设计要求起拱；当设计无具体要求时，起拱高度宜为跨度的 1/1000—3/1000。

4. 预防措施

（1）模板及其支架应具有足够的承载能力、刚度和稳定性，支设前应对支承系统进行必要的验算和复核，尤其是支柱间距应经计算确定。

（2）支承体系的基底必须坚实可靠，竖向支承基底如为土层时，应按要求采取进行分层夯实等处理措施，达到要求后方可支模；楼层间模板支架上层立柱应对准下层支架立柱，并应在立柱底铺设垫板。

（3）钢质支承体系其钢楞和支承的布置形式应满足模板设计要求，并能保证安全承受施工荷载，钢管支承体系一般宜扣成整体排架式，同时应设扫地杆、顶部水平杆、斜撑或剪刀撑。

（4）使用 U 形可调支托时，螺杆伸出钢管长度不应大于 300mm，且不得用于底部。

（5）在多层或高层施工中，应注意逐层加设支承，分层分散施工荷载。侧向支承必须支顶牢固，拉结和加固可靠，必要时应打入地锚或在混凝土中预埋铁件和短钢筋头做撑脚。

（6）对跨度不小于 4m 的现浇混凝土梁、板，其模板应按设计要求起拱；当设计无具体要求时，起拱高度宜为跨度的 1/1000～3/1000；起拱不得减少构件的截面高度。

（7）梁、柱模板若采用卡具时，其间距要按规定设置，并要牢固卡紧模板。

（8）后浇带的模板及其支架应独立设置。

5. 工程实例图片

图 3-21　模板支承系统不规范

图 3-22　模板变形导致梁身变形

图 3-23　模板支承系统不可靠导致梁身下挠

图 3-24　模板变形导致柱身变形

图 3-25　模板支承系统可靠规范

图 3-26　模板支承体系规范

第 4 章　钢筋工程

4.1　柱子外伸钢筋错位

1. 问题现象

下柱外伸钢筋从柱顶甩出，由于位置偏离设计要求过大，与上柱钢筋搭接不上。

2. 原因分析

（1）钢筋安装后虽已自检合格，但由于固定钢筋措施不可靠，发生变位。
（2）浇筑混凝土时被振动器或其他机具碰歪撞斜，没有及时校正。

3. 相关规范和标准要求

《混凝土结构工程施工质量验收规范》（GB 50204—2015）的相关要求如下：

5.3.1　钢筋弯折的弯弧内直径应符合下列规定：

1. 光圆钢筋，不应小于钢筋直径的 2.5 倍。

2. 335MPa 级、400MPa 级带肋钢筋，不应小于钢筋直径的 4 倍。

3. 500MPa 级带肋钢筋，当直径为 28mm 以下时不应小于钢筋直径的 6 倍，当直径为 28mm 及以上时不应小于钢筋直径的 7 倍。

4. 箍筋弯折处尚不应小于纵向受力钢筋的直径。

检查数量：按每工作班同一类型钢筋、同一加工设备抽查不应少于 3 件。

检验方法：尺量。

5.3.2　纵向受力钢筋的弯折后平直段长度应符合设计要求。光圆钢筋末端作 180°弯钩时，弯钩的平直段长度不应小于钢筋直径的 3 倍。

检查数量：按每工作班同一类型钢筋、同一加工设备抽查不应少于 3 件。

检验方法：尺量。

5.3.3　箍筋、拉筋的末端应按设计要求做弯钩，并应符合下列规定：

1. 对一般结构构件，箍筋弯钩的弯折角度不应小于 90°，弯折后平直段长度不应小于箍筋直径的 5 倍；对有抗震设防要求或设计有专门要求的结构构件，箍筋弯钩的弯折角度不应小于 135°，弯折后平直段长度不应小于箍筋直径的 10 倍。

2. 圆形箍筋的搭接长度不应小于其受拉锚固长度，且两末端弯钩的弯折角度不应小于 135°，弯折后平直段长度对一般结构构件不应小于箍筋直径的 5 倍，对有抗震设防要求的结构构件不应小于箍筋直径的 10 倍。

3. 梁、柱复合箍筋中的单肢箍筋两端弯钩的弯折角度均不应小于 135°，弯折后平直段长度应符合本条第 1 款对箍筋的有关规定。

检查数量：按每工作班同一类型钢筋、同一加工设备抽查不应少于3件。

检验方法：尺量。

5.3.4 盘卷钢筋调直后应进行力学性能和重量偏差检验，其强度应符合国家现行有关标准的规定，其断后伸长率、重量偏差应符合表5.3.4的规定。力学性能和重量偏差检验应符合下列规定：

1. 应对3个试件先进行重量偏差检验，再取其中2个试件进行力学性能检验。

2. 重量偏差应按下式计算：

$$\Delta = (W_d - W_0) / W_0 \times 100\%$$

式中：Δ——重量偏差（%）；

W_d——3个调直钢筋试件的实际重量之和（kg）；

W_0——钢筋理论重量（kg），取每米理论重量（kg/m）与3个调直钢筋试件长度之和（m）的乘积。

3. 检验重量偏差时，试件切口应平滑并与长度方向垂直，其长度不应小于500mm；长度和重量的量测精度分别不应低于1mm和1g。

采用无延伸功能的机械设备调直的钢筋，可不进行本条规定的检验。

表5.3.4 盘卷钢筋调直后的断后伸长率、重量偏差要求

钢筋牌号	断后伸长率（%）	重量偏差（%）	
		直径6～12mm	直径14～16mm
HPB300	≥21	≥−10	—
HRB335、HRBF335	≥16	≥−8	≥−6
HRB400、HRBF400	≥15		
RRB400	≥13		
HRB500、HRBF500	≥14		

注：断后伸长率A的量测标距为5倍钢筋直径。

检查数量：同一加工设备、同一牌号、同一规格的调直钢筋，重量不大于30t为一批，每批见证抽取3个试件。

检验方法：检查抽样检验报告。

5.3.5 钢筋加工的形状、尺寸应符合设计要求，其偏差应符合表5.3.5的规定。

检查数量：按每工作班同一类型钢筋、同一加工设备抽查不应少于3件。

检验方法：尺量。

表5.3.5 钢筋加工的允许偏差

项目	允许偏差（mm）
受力钢筋沿长度方向的净尺寸	±10
弯起钢筋的弯折位置	±20
箍筋外廓尺寸	±5

4. 预防措施

（1）钢筋安装时应采用定位件固定钢筋的位置，在柱外伸部分至少设一道定位钢筋，浇筑混凝土前再复查一遍，如发生移位，则应校正后浇筑混凝土。

（2）注意浇筑规范操作，尽量不碰撞钢筋；浇捣过程中由专人随时检查，及时校核改正。

5. 工程实例图片

图 4-1 柱主筋偏位（一）

图 4-2 柱主筋偏位（二）

图 4-3 柱主筋打弯

图 4-4 柱主筋偏位、打弯

图 4-5 柱主筋位置合理

图 4-6 柱主筋绑扎规范合理

图 4-7 柱主筋绑扎现场实例

4.2 板钢筋位移

1. 问题现象

上部钢筋网片向构件中部下沉（或下落），保护层厚度达不到规范要求。

2. 原因分析

（1）保护层砂浆垫块厚度不准确，或垫块数量少。
（2）板钢筋绑扎完成后成品保护不到位，施工人员、机械工具随意通行、踩踏。
（3）隐蔽工程检查验收不到位。

3. 相关规范和标准要求

《混凝土结构工程施工质量验收规范》（GB 50204—2015）的相关要求如下：
5.5.1 钢筋安装时，受力钢筋的牌号、规格和数量必须符合设计要求。
检查数量：全数检查。
检验方法：观察，尺量。
5.5.2 受力钢筋的安装位置、锚固方式应符合设计要求。
检查数量：全数检查。
检验方法：观察，尺量。
5.5.3 钢筋安装偏差及检验方法应符合表 5.5.3 的规定。

梁板类构件上部受力钢筋保护层厚度的合格点率应达到 90%及以上，且不得有超过表中数值 1.5 倍的尺寸偏差。

检查数量：在同一检验批内，对梁、柱和独立基础，应抽查构件数量的 10%，且不应少于 3 件；对墙和板，应按有代表性的自然间抽查 10%，且不应少于 3 间；对大空间结构，墙可按相邻轴线间高度 5m 左右划分检查面，板可按纵、横轴线划分检查面，抽查 10%，且均不应少于 3 面。

表 5.5.3　钢筋安装允许偏差和检验方法

<table>
<tr><th colspan="2">项目</th><th>允许偏差（mm）</th><th>检验方法</th></tr>
<tr><td rowspan="2">绑扎钢筋网</td><td>长、宽</td><td>±10</td><td>尺量</td></tr>
<tr><td>网眼尺寸</td><td>±20</td><td>尺量连续三挡，取最大偏差值</td></tr>
<tr><td rowspan="2">绑扎钢筋网骨架</td><td>长</td><td>±10</td><td>尺量</td></tr>
<tr><td>宽、高</td><td>±5</td><td>尺量</td></tr>
<tr><td rowspan="3">纵向受力钢筋</td><td>锚固长度</td><td>−20</td><td>尺量</td></tr>
<tr><td>间距</td><td>±10</td><td rowspan="2">尺量两端、中间各一点，取最大偏差值</td></tr>
<tr><td>排距</td><td>±5</td></tr>
<tr><td rowspan="3">纵向受力钢筋、箍筋的混凝土保护层厚度</td><td>基础</td><td>±10</td><td>尺量</td></tr>
<tr><td>柱、梁</td><td>±5</td><td>尺量</td></tr>
<tr><td>板、墙、壳</td><td>±3</td><td>尺量</td></tr>
<tr><td colspan="2">绑扎箍筋、纵向钢筋间距</td><td>±20</td><td>尺量连续三挡，取最大偏差值</td></tr>
<tr><td colspan="2">钢筋弯起点位置</td><td>20</td><td>尺量，沿纵、横两个方向量测，
并取其中偏差的较大值</td></tr>
<tr><td rowspan="2">预埋件</td><td>中心位置</td><td>5</td><td>尺量</td></tr>
<tr><td>水平高差</td><td>+3
0</td><td>塞尺量测</td></tr>
</table>

4. 预防措施

（1）应采用钢筋制作支架，当板面受力筋和分布筋的直径不小于 10mm 时应采用马凳作支架，支架要与受支承的钢筋绑扎牢固，支架间距满足要求，且马凳底部应有防锈措施。

（2）应使用定型预制保护层垫块，垫块厚度、强度和设置间距必须满足要求。

（3）阳台、雨棚等现浇板的负弯曲筋下面，宜设置间距不大于 300mm 钢筋保护层垫块或支承，保证在浇筑混凝土时钢筋不位移。

（4）板面浇筑混凝土时，应架设跳板，供施工人员行走，避免因踩踏造成上部钢筋网片下沉。

5. 工程实例图片

4-8　板钢筋绑扎不规范，成品保护不到位

4-9　板钢筋绑扎不到位，保护层垫块过大

图 4-10　板钢筋绑扎规范

图 4-11　板钢筋绑扎到位

4.3 露　　筋

1. 问题现象

混凝土结构构件拆模时发现其表面有钢筋露出。

2. 原因分析

（1）钢筋保护层不符合要求。

（2）由于钢筋成型尺寸不准确，或钢筋骨架绑扎不当，造成骨架外形尺寸偏大，局部抵触模板。

（3）振捣混凝土时，振动器撞击钢筋，使钢筋移位或引起绑扣松散。

（4）模板接缝不严，浇筑混凝土时出现漏浆现象。

3. 相关规范和标准要求

参照前表 5.5.3《钢筋安装允许偏差和检验方法》的相关规范要求。

4. 预防措施

（1）混凝土保护层垫块要垫的适量可靠；对于竖向钢筋可采用进有铁丝的垫块或卡子，应绑在钢筋骨架外侧。

（2）严格检查、控制钢筋的成型尺寸；钢筋骨架如果是在模外绑扎，要控制好它的总外形尺寸，不得超过允许偏差。

（3）模板接缝应严实，支承体系可靠稳定。

（4）混凝土振捣要及时且到位，确保密实。

5. 工程实例图片

图 4-12　混凝土浇捣不实，出现露筋

图 4-13　板钢筋未调直，出现露筋

图 4-14　主筋保护层不符合要求

图 4-15　板钢筋保护层不符合要求

图 4-16　板钢筋保护层规范符合要求

图 4-17　梁钢筋保护层符合要求

图 4-18　梁、板模板接缝严密

图 4-19　梁、柱、板混凝土观感好，无露筋

4.4　梁、柱核芯区箍筋数量、间距不符合要求

1. 问题现象

箍筋数量不够、间距过大。

2. 原因分析

（1）施工交底不到位，作业人员责任心不强，没有事先熟悉图纸。

（2）施工过程管理不到位，隐蔽工程检查验收不及时。

（3）施工质量管理体系不健全。

3. 相关规范和标准要求

参照前表 5.5.3《钢筋安装允许偏差和检验方法》的相关规范要求。

4. 预防措施

（1）根据构件图纸（标准图集）配筋要求，预先计算好箍筋实际分布距离，在绑扎钢筋时作为控制钢筋数量和间距的依据。

（2）在绑扎箍筋加密区钢筋时，可从梁柱中心线向两端划线，第一道箍筋距构件边缘的起始距离宜为 50mm。

（3）如钢筋绑扎成钢筋骨架后安装，对核芯区箍筋间距和数量进行复查，可根据具体情况进行调整，满足核心区箍筋设置要求。

（4）强化过程管理，加强对隐蔽工程的检查验收。

5. 工程实例图片

图 4-20　梁柱节点处核心区无箍筋

图 4-21　柱箍筋绑扎不符合要求

图 4-22　主、次梁节点处箍筋未加密

图 4-23　梁柱节点箍筋未按设计要求加密

图 4-24　主、次梁箍筋绑扎规范

图 4-25　柱箍筋绑扎到位

4.5　机械连接方式不符合要求

1. 问题现象

受力钢筋接头位置错误，钢筋切口端面与钢筋轴线不垂直，端头挠曲或呈马蹄形，接头外观质量差。

2. 原因分析

（1）套筒产品质量无法控制，无相应产品标准。

（2）钢筋原材料强度不合格或者是钢筋强度过低导致丝纹硬度不够；或者在使用的过程中以二级钢充当三级钢，使得钢筋的强度达不到要求。

（3）钢筋原材料截面外观不圆，使加工后的钢筋和套筒连接间有一些空隙，结合不紧密，使机械连接接头的承载力大大降低。

（4）工人加工水平的高低也是钢筋机械连接工艺中不可忽视的问题，是关系到接头质量的一个重要因素。

3. 相关规范和标准要求

《混凝土结构工程施工质量验收规范》（GB 50204—2015）的相关要求如下：

5.4.1　钢筋的连接方式应符合设计要求。

检查数量：全数检查。

检验方法：观察。

5.4.2　钢筋采用机械连接或焊接连接时，钢筋机械连接接头、焊接接头的力学性能、弯曲性能应符合国家现行相关标准的规定。接头试件应从工程实体中截取。

检查数量：按现行行业标准《钢筋机械连接技术规程》JGJ 107 和《钢筋焊接及验收规程》JGJ 18 的规定确定。

检验方法：检查质量证明文件和抽样检验报告。

5.4.3　螺纹接头应检验拧紧扭矩值，挤压接头应量测压痕直径，检验结果应符合现行行业标准《钢筋机械连接技术规程》JGJ 107 的相关规定。

检查数量：按现行行业标准《钢筋机械连接技术规程》JGJ 107 的规定确定。

检验方法：采用专用扭力扳手或专用量规检查。

5.4.4　钢筋接头的位置应符合设计和施工方案要求。有抗震设防要求的结构中，梁端、柱端箍筋加密区范围内不应进行钢筋搭接。接头末端至钢筋弯起点的距离不应小于钢筋直径的 10 倍。

检查数量：全数检查。

检验方法：观察，尺量。

5.4.5　钢筋机械连接接头、焊接接头的外观质量应符合现行行业标准《钢筋机械连接技术规程》JGJ 107 和《钢筋焊接及验收规程》JGJ 18 的规定。

检查数量：按现行行业标准《钢筋机械连接技术规程》JGJ 107 和《钢筋焊接及验收规程》JGJ 18 的规定确定。

检验方法：观察，尺量。

5.4.6 当纵向受力钢筋采用机械连接接头或焊接接头时，同一连接区段内纵向受力钢筋的接头面积百分率应符合设计要求；当设计无具体要求时，应符合下列规定：

1. 受拉接头，不宜大于50%；受压接头，可不受限制。

2. 直接承受动力荷载的结构构件中，不宜采用焊接；当采用机械连接时，不应超过50%。

检查数量：在同一检验批内，对梁、柱和独立基础，应抽查构件数量的10%，且不应少于3件；对墙和板，应按有代表性的自然间抽查10%，且不应少于3间；对大空间结构，墙可按相邻轴线间高度5m左右划分检查面，板可按纵横轴线划分检查面，抽查10%，且均不应少于3面。

检验方法：观察，尺量。

注：1. 接头连接区段是指长度为35d且不小于500mm的区段，d为相互连接两根钢筋的直径较小值。

2. 同一连接区段内纵向受力钢筋接头面积百分率为接头中点位于该连接区段内的纵向受力钢筋截面面积与全部纵向受力钢筋截面面积的比值。

5.4.7 当纵向受力钢筋采用绑扎搭接接头时，接头的设置应符合下列规定：

1. 接头的横向净间距不应小于钢筋直径，且不应小于25mm；

2. 同一连接区段内，纵向受拉钢筋的接头面积百分率应符合设计要求；当设计无具体要求时，应符合下列规定：

1）梁类、板类及墙类构件，不宜超过25%；基础筏板，不宜超过50%。

2）柱类构件，不宜超过50%。

3）当工程中确有必要增大接头面积百分率时，对梁类构件，不应大于50%。

检查数量：在同一检验批内，对梁、柱和独立基础，应抽查构件数量的10%，且不应少于3件；对墙和板，应按有代表性的自然间抽查10%，且不应少于3间；对大空间结构，墙可按相邻轴线间高度5m左右划分检查面，板可按纵横轴线划分检查面，抽查10%，且均不应少于3面。

检验方法：观察，尺量。

注：1. 接头连接区段是指长度为1.3倍搭接长度的区段。搭接长度取相互连接两根钢筋中较小直径计算。

2. 同一连接区段内纵向受力钢筋接头面积百分率为接头中点位于该连接区段长度内的纵向受力钢筋截面面积与全部纵向受力钢筋截面面积的比值。

5.4.8 梁、柱类构件的纵向受力钢筋搭接长度范围内箍筋的设置应符合设计要求；当设计无具体要求时，应符合下列规定：

1. 箍筋直径不应小于搭接钢筋较大直径的1/4。

2. 受拉搭接区段的箍筋间距不应大于搭接钢筋较小直径的5倍，且不应大于100mm。

3. 受压搭接区段的箍筋间距不应大于搭接钢筋较小直径的10倍，且不应大于200mm。

4. 当柱中纵向受力钢筋直径大于25mm时，应在搭接接头两个端面外100mm范围内各设置二个箍筋，其间距宜为50mm。

检查数量：在同一检验批内，应抽查构件数量的10%，且不应少于3件。

检验方法：观察，尺量。

4. 预防措施

（1）钢筋的接头宜设置在受力较小处，受力钢筋设置在同一构件内的接头宜相互错开。接头末端至钢筋弯起点的距离不应小于钢筋直径的10倍；同一连接区段内，纵向受力钢筋的接头面积百分率应符合设计要求。

（2）加工钢筋的操作人员应经专业培训后上岗，施工前应进行工艺检验。

（3）钢筋端部应先调直后再下料，宜采用砂轮切割机，不得用刀片式切割机或氧气切割。要求钢筋切口断面与钢筋轴线垂直，端头不得挠曲或出现马蹄形。

（4）钢筋套丝后丝头要及时带上保护套，以防碰伤和生锈；钢套筒应用塑料盖封口，以保持内部洁净、干燥、无锈蚀。

（5）采用带肋钢筋套筒径向挤压连接时，在插入钢筋套筒前要作好标记，确保接头长度，以防压空；被连接钢筋的轴心与套筒轴心应保持同一轴线，防止偏心和弯折。

（6）螺纹接头安装后，应使用专用扭矩扳手校核拧紧扭力矩，并抽查拧紧扭矩值，对接头应全数进行外观质量检查，接头丝扣完整，丝扣外露2～3扣。

5. 工程实例图片

图4-26　钢筋机械连接接头不规范

图4-27　钢筋接头位置错误

图4-28　钢筋接头未采取保护措施

图4-29　钢筋接头焊渣未清理

图 4-30　钢筋接头规范（一）

图 4-31　钢筋接头规范（二）

第5章 混凝土工程

5.1 烂根、夹渣水平施工缝接槎不密实

1. 问题现象

（1）墙、柱在层与层接缝处存在水平的松散混凝土或锯屑等夹杂物，使结构的整体性受到破坏。

（2）墙、柱在层与层接缝处模板接缝不严，浇筑过程中跑漏浆，混凝土不密实，石子外露。

（3）楼梯施工缝处存在垂直的松散混凝土或锯屑等夹杂物，接缝不密实。

（4）后浇带施工缝处存在垂直的松散混凝土或锯屑等夹杂物，接缝不密实。

2. 原因分析

（1）施工缝或变形缝未经接缝处理、清除表面水泥薄膜和松动石子，未除去软弱混凝土层并未充分湿润就灌筑混凝土。

（2）施工缝处锯屑、泥土及砖块等杂物未清除或清除不干净。

（3）混凝土浇灌高度过高，未设串筒、溜槽，造成混凝土离析。

（4）底层交接处未灌接缝砂浆层，接缝处混凝土未严格振捣。

3. 相关规范和标准要求

《混凝土结构工程施工质量验收规范》(GB 50204—2002）的相关要求如下：

8.1 一般规定

8.1.1 现浇结构的外观质量缺陷应由监理（建设）单位、施工单位等各方根据其对结构性能和使用功能影响的严重程度按表8.1.1确定。

表8.1.1 现浇结构外观质量

名称	现象	严重缺陷	一般缺陷
露筋	构件内钢筋未被混凝土包裹而外露	纵向受力钢筋有露筋	其他钢筋有少量露筋
蜂窝	混凝土表面缺少水泥浆而形成石子外露	构件主要受力部位有蜂窝	其他部位有少量蜂窝
孔洞	混凝土中孔穴深度和长度均超过保护层厚度	构件主要受力部位有孔洞	其他部位有少量孔洞
夹渣	混凝土中夹有杂物且深度超过保护层厚度	构件主要受力部位有夹渣	其他部位有少量夹渣
疏松	混凝土中局部不密实	构件主要受力部位有疏松	其他部位有少量疏松
裂缝	缝隙从混凝土表面延伸至混凝土内部	构件主要受力部位有影响结构性能或使用功能的裂缝	其他部位有少量不影响结构性能或使用功能的裂缝

续表

名称	现象	严重缺陷	一般缺陷
连接部位缺陷	构件连接处混凝土缺陷及连接钢筋、连接铁件松动	连接部位有影响结构传力性能的缺陷	连接部位有基本不影响结构传力性能的缺陷
外形缺陷	缺棱掉角、棱角不直、翘曲不平、飞出凸肋等	清水混凝土构件内有影响使用功能或装饰效果的外形缺陷	其他混凝土构件有不影响使用功能的外形缺陷
外表缺陷	构件表面麻面、掉皮、起砂、玷污等	具有重要装饰效果的清水混凝土构件有外表缺陷	其他混凝土构件有不影响使用功能的外表缺陷

8.1.2　现浇结构拆模后，应由监理（建设）单位、施工单位对外观质量和尺寸偏差进行检查，作出记录，并应及时按施工技术方案对缺陷进行处理。

8.2　外观质量

主控项目：

8.2.1　现浇结构的外观质量不应有严重缺陷。

对已经出现的严重缺陷，应由施工单位提出技术处理方案，并经监理（建设）单位认可后进行处理，对经处理的部位，应重新检查验收。

检查数量：全数检查。

检验方法：观察，检查技术处理方案。

一般项目：

8.2.2　现浇结构的外观质量不宜有一般缺陷。

对已经出现的一般缺陷，应由施工单位按技术处理方案进行处理，并重新检查验收。

检查数量：全数检查。

检验方法：观察，检查技术处理方案。

8.3　尺寸偏差

主控项目：

8.3.1　现浇结构不应有影响结构性能和使用功能的尺寸偏差。混凝土设备基础不应有影响结构性能和设备安装的尺寸偏差。

对超过尺寸允许偏差且影响结构性能和安装、使用功能的部位，应由施工单位提出技术处理方案，并经监理（建设）单位认可后进行处理，对经处理的部位，应重新检查验收。

检验方法：量测，检查技术处理方案。

一般项目：

8.3.2　现浇结构和混凝土设备基础拆模后的尺寸偏差应符合表8.3.2-1、表8.3.2-2的规定。

检查数量：按楼层、结构缝或施工段划分检验批。在同一检验批内，对梁、柱和独立基础，应抽查构件数量的10%，且不少于3件；对墙和板，应按有代表性的自然间抽查10%，且不少于3间；对大空间结构，墙可按相邻轴线间高度5m左右划分检查面，板可按纵、横轴线划分检查面，抽查10%，且均不少于3面；对电梯井应全数检查；对设备基础应全数检查。

检验方法：量测检查。

表 8.3.2-1　现浇结构尺寸允许偏差和检验方法

<table>
<tr><th colspan="3">项目</th><th>允许偏差（mm）</th><th>检验方法</th></tr>
<tr><td rowspan="4">轴线位置</td><td colspan="2">基础</td><td>15</td><td rowspan="4">钢尺检查</td></tr>
<tr><td colspan="2">独立基础</td><td>10</td></tr>
<tr><td colspan="2">墙、柱、梁</td><td>8</td></tr>
<tr><td colspan="2">剪力墙</td><td>5</td></tr>
<tr><td rowspan="3">垂直度</td><td rowspan="2">层高</td><td>≤5m</td><td>8</td><td>经纬仪或吊线、钢尺检查</td></tr>
<tr><td>>5m</td><td>10</td><td>经纬仪或吊线、钢尺检查</td></tr>
<tr><td colspan="2">全高（H）</td><td>H/1000 且≤30</td><td>经纬仪、钢尺检查</td></tr>
<tr><td rowspan="2">标高</td><td colspan="2">层高</td><td>±10</td><td rowspan="2">水准仪或拉线、钢尺检查</td></tr>
<tr><td colspan="2">全高</td><td>±30</td></tr>
<tr><td colspan="3">截面尺寸</td><td>+8，−5</td><td>钢尺检查</td></tr>
<tr><td rowspan="2">电梯井</td><td colspan="2">井筒长、宽对定位中心线</td><td>+25，0</td><td>钢尺检查</td></tr>
<tr><td colspan="2">井筒全高（H）垂直度</td><td>H/1000 且≤30</td><td>经纬仪、钢尺检查</td></tr>
<tr><td colspan="3">表面平整度</td><td>8</td><td>2m 靠尺和塞尺检查</td></tr>
<tr><td rowspan="3">预埋设施
中心线位置</td><td colspan="2">预埋件</td><td>10</td><td rowspan="3">钢尺检查</td></tr>
<tr><td colspan="2">预埋螺栓</td><td>5</td></tr>
<tr><td colspan="2">预埋管</td><td>5</td></tr>
<tr><td colspan="3">预埋洞中心线位置</td><td>15</td><td>钢尺检查</td></tr>
</table>

注：检查轴线、中心线位置时，应沿纵、横两个方向量测，并取其中的较大值。

表 8.3.2-2　混凝土设备基础尺寸允许偏差和检验方法

<table>
<tr><th colspan="2">项　　目</th><th>允许偏差（mm）</th><th>检验方法</th></tr>
<tr><td colspan="2">坐标位置</td><td>20</td><td>钢尺检查</td></tr>
<tr><td colspan="2">不同平面的标高</td><td>0
−20</td><td>水准仪或拉线、钢尺检查</td></tr>
<tr><td colspan="2">平面外形尺寸</td><td>±20</td><td>钢尺检查</td></tr>
<tr><td colspan="2">凸台上平面外形尺寸</td><td>0
−20</td><td>钢尺检查</td></tr>
<tr><td colspan="2">凹穴尺寸</td><td>+20
0</td><td>钢尺检查</td></tr>
<tr><td rowspan="2">平面水平度</td><td>每米</td><td>5</td><td>水平尺、塞尺检查</td></tr>
<tr><td>全长</td><td>10</td><td>水准仪或拉线、钢尺检查</td></tr>
<tr><td rowspan="2">垂直度</td><td>每米</td><td>5</td><td rowspan="2">经纬仪或吊线、钢尺检查</td></tr>
<tr><td>全高</td><td>10</td></tr>
<tr><td rowspan="2">预埋地脚螺栓</td><td>标高（顶部）</td><td>+20
0</td><td>水准仪或拉线、钢尺检查</td></tr>
<tr><td>中心距</td><td>±2</td><td>钢尺检查</td></tr>
<tr><td rowspan="3">预埋地脚螺栓孔</td><td>中心线位置</td><td>10</td><td>钢尺检查</td></tr>
<tr><td>深度</td><td>+20
0</td><td>钢尺检查</td></tr>
<tr><td>孔垂直度</td><td>10</td><td>吊线、钢尺检查</td></tr>
</table>

续表

项　　目		允许偏差（mm）	检验方法
预埋活动地脚螺栓锚板	标高	+20 0	水准仪或拉线、钢尺检查
	中心线位置	5	钢尺检查
	带槽锚板平整度	5	钢尺、塞尺检查
	带螺纹孔锚板平整度	2	钢尺、塞尺检查

注：检查坐标、中心线位置时，应沿纵、横两个方向量测，并取其中的较大值。

4. 预防措施

（1）结合面应采用粗糙面，结合面应清除浮浆、疏松石子及软弱混凝土层，锯屑等杂物必须彻底清除干净，并将接缝表面洗净。

（2）宜在墙、柱外边线3mm处贴20mm厚泡沫条，或模板支设好后用模板、方木楞及砂浆等封堵，防止跑漏浆。

（3）混凝土浇筑高度大于2m时，应设串筒或溜槽下料，防止混凝土离析，石子堆积。

（4）柱、墙水平施工缝处先浇筑30～50mm厚的同混凝土配合比成分去石砂浆以利良好接合，并加强接缝处混凝土振捣使之密实。

（5）在楼梯及后浇带模板上沿施工缝位置通条开口，以便于清理杂物和冲洗，全部清理干净后，再将通条开口封板，并抹水泥浆或同成分去石子混凝土砂浆，再浇筑混凝土。

（6）为了保证施工缝接槎密实，柱、墙施工缝可留设在基础、楼层结构顶面，柱施工缝与结构上表面的距离宜为0～100mm，墙施工缝与结构上表面的距离宜为0～300mm。

（7）柱、墙施工缝也可留设在楼层结构底面，施工缝与结构下表面的距离宜为0～50mm；当板下有梁托时，可留设在梁托下0～20mm。

（8）高度较大的柱、墙、梁以及厚度较大的基础可根据施工需要在其中部留设水平施工缝；必要时，征得设计单位认可后可对配筋进行调整。

（9）楼梯施工缝或后浇带界面宜采用专用材料封挡。

（10）混凝土浇筑过程中，因特殊原因需临时设置施工缝时，施工缝留设应规整，并宜垂直于构件表面，必要时可采取增加插筋、事后修凿等技术措施。

（11）施工缝和后浇带应采取钢筋防锈或阻锈等保护措施。

（12）在施工缝或后浇缝处继续浇筑混凝土时，应注意以下几点：

① 浇筑柱、梁、楼板、墙、基础等，应连续进行，如间歇时间超过下表的规定，则按施工缝处理，应在混凝土抗压强度不低于1.2MPa时，才允许继续浇筑。

混凝土运输、浇筑和间歇的允许时间　（min）

项次	混凝土强度等级	气温	
		不高于25℃	高于25℃
1	不高于C30	210	180
2	高于C30	180	150

注：当混凝土中掺有促凝或缓凝型外加剂时，其允许时间应根据试验结果确定。

② 大体积混凝土浇筑，如接缝时间超过上表规定的时间，可采取对混凝土进行二次振捣，以提高接缝的强度和密实度。方法是对先浇筑的混凝土终凝前再振捣一次，然后再浇筑上一层混凝土。

（13）墙、柱混凝土应分层浇筑，每层浇筑厚度应控制在50cm左右。

5. 工程实例照片

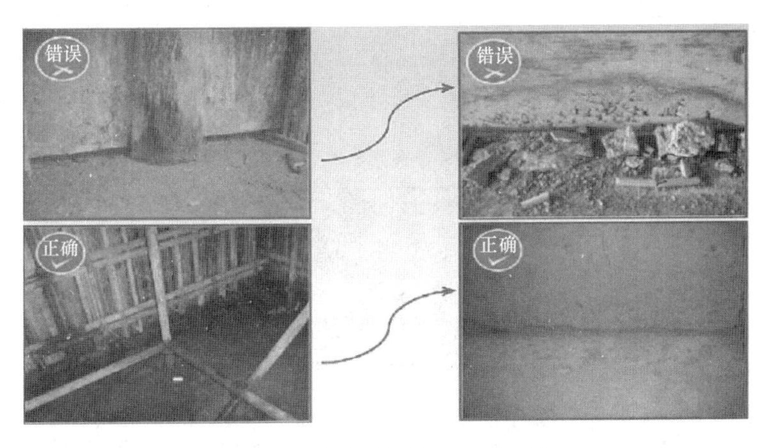

图5-1 砂浆根部封堵工程实例

图5-2 压角条根部封堵工程实例

图5-3 根部套模封堵工程实例

图 5-4　局部有缝隙处封堵砂浆

图 5-5　采用压角条效果

图 5-6　采取防治措施后工程实例

5.2　墙、柱在层与层接缝处错台

1. 问题现象

上下层墙、柱轴线错位。尤其是角柱及楼梯间的墙、柱在层与接缝处产生错台；

2. 原因分析

（1）外墙模板支设时垂直度偏差较大，造成该层混凝土墙顶墙面轴线偏离，这样在上层混凝土墙施工时就形成错台。

（2）外墙模板支设时垂直度无偏差，而在混凝土浇捣过程中，由于模板支承刚度不足而造成墙顶线偏移，这样上下层墙间就形成错台。

（3）由于下层墙顶部模板移位，而在上层墙模板支设时为保证轴线位置的正确，就须剔除接槎处的外凸部分，这样在模板与墙面接缝处粘贴海绵条不良的情况下就会产生漏浆和滴挂现象而形成错台。

3. 相关规范和标准要求

《混凝土结构工程施工质量验收规范》(GB 50204—2002）的要求同上。

4. 预防措施

（1）放线过程中应放出轴线、墙柱外边线、外 20cm 控制线，保证支模位置准确。

（2）上下墙、柱模板接槎时，宜把下层已浇筑的螺栓重复利用，模板就不易胀漏，保证构件接槎平整。

（3）在已浇筑墙、柱接槎旁，在墙柱面上先贴 3mm 厚泡沫条，让模板夹紧，保证接槎处不会产生顺墙柱流浆现象。

（4）墙、柱模板支设完成后应严格对轴线，构件外边线进行复核，并检查上口处模板的刚度，保证墙、柱层与层接槎平整，不产生位移。

5. 工程实例照片

图 5-7　模板拼缝处出现错台

图 5-8　模板拼缝处贴双面胶

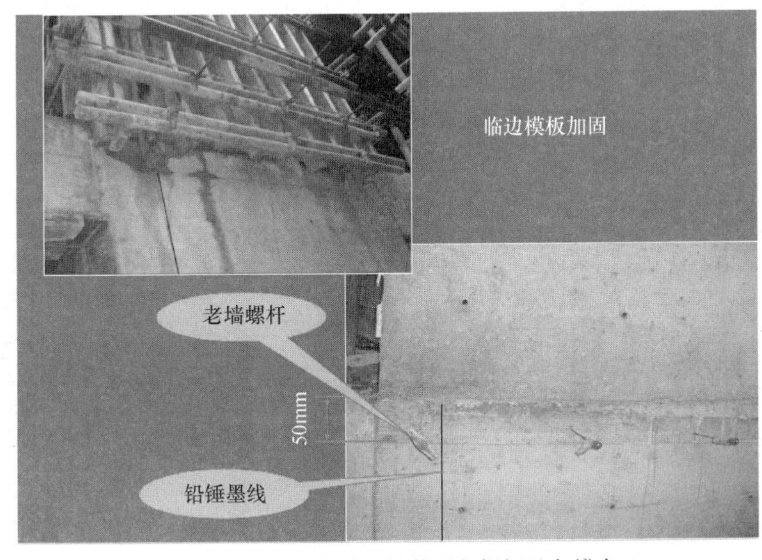

图 5-9　外墙施工施工缝处预留螺杆避免错台

5.3 露筋、孔洞

1. 问题现象

钢筋混凝土结构内部的主筋、副筋或箍筋等裸露在表面，没有被混凝土包裹。

2. 原因分析

（1）钢筋保护层垫块设置不到位，造成浇筑时钢筋直接与加固的模板面接触，浇筑后存在露筋现象。

（2）混凝土浇筑过程中，混凝土未分层进行浇筑，混凝土振捣不密实，存在气泡、孔洞等现象，造成露筋。

3. 相关规范和标准要求

《混凝土结构工程施工质量验收规范》(GB 50204—2002）的要求同上。

4. 预防措施

（1）浇筑混凝土，应保证钢筋位置和保护层厚度准确，并加强检查，发现偏差，及时纠正。

（2）钢筋密集时，应选用适当粒径的石子。石子最大颗粒尺寸不得超过结构截面最小尺寸的 1/4，同时不得大于钢筋净距的 3/4。截面较小钢筋较密的部位，宜用细石混凝土浇筑。

（3）混凝土应保证配合比准确和良好的和易性。

（4）浇筑高度超过 2m 时，应用串筒或溜槽下料，以防止离析。

（5）模板应充分湿润并认真堵好缝隙。

（6）混凝土振捣严禁撞击钢筋，在钢筋密集处，可采用直径较小的振动棒进行振捣；保护层处混凝土要仔细振捣密实；避免踩踏钢筋，如有踩踏或脱扣等应及时调直纠正。

（7）拆模时间要根据试块试压结果正确掌握，防止过早拆模，损坏棱角。

5. 工程实例照片

图 5-10　钢筋保护层垫块设置不到位造成露筋

图 5-11　混凝土振捣不密实造成孔洞、露筋

(a) 塑料垫块

(b) 板底成品垫块

图 5-12　钢筋保护层措施到位

图 5-13　钢筋马凳、垫块设置到位

图 5-14　混凝土振捣密实、整体外观较好

5.4 胀　　模

1. 问题现象

（1）地下层墙体浇筑时，支承及围檩间距过大，特别在模板刚度差时，产生爆模。

（2）墙模板对拉螺栓间距过大，螺栓规格过小时，产生胀模和爆模。

（3）模板拉杆数量不足，混凝土振捣拉杆螺丝崩掉，致使模板爆开。

（4）梁、柱模板卡具间距过大，未夹紧模板或拉杆螺栓配备数量不足，以致局部模板无法承受混凝土振捣时产生的侧向压力，产生局部爆模。

（5）浇筑楼梯间及电梯间墙体时，混凝土浇筑速度过快、一次浇灌高度过高，造成了胀模或爆模。

（6）振动部位过深或已振部位再次振动，振捣过度产生爆模。

（7）操作人员的责任问题。多次出现模板绑扎不牢、支承不牢而产生的爆模，这种现象在工程初期出现较多。

（8）门窗洞口内模间对撑不牢固，振捣时模板被挤，偏离正确位置，出现爆模。

（9）柱截面与模板材质选择不匹配。因木模板强度不够，所以柱截面大时不能采用木模板。

（10）木模板反复使用造成模板变形，引起胀模、爆模。

2. 原因分析

（1）模板方面：模板问题，包括模板本身质量差、强度不够或者模板材质选用不当等。模板支承问题，包括支承不牢、支承点数量不够以及支承方式选用不当等。模板连接问题，包括对拉连接螺栓数量和间距不当等。

（2）人员方面：包括施工人员操作不当、操作不认真、责任心不强以及技术不过关等。

（3）管理方面：管理不到位、组织不力、制度和措施不全及执行检查不够。管理人员对大模板混凝土浇筑中的细节不熟悉，班组间配合不默契等。

3. 相关规范和标准要求

《混凝土结构工程施工质量验收规范》(GB 50204—2002）的相关要求如下：

4.2.1 模板及支架材料的技术指标应符合国家现行有关标准和专项施工方案的规定。

检查数量：全数检查。

检验方法：检查质量证明文件。

4.2.2 现浇混凝土结构的模板及支架安装完成后，应按照专项施工方案对下列内容进行检查验收：

1. 模板的定位；
2. 支架杆件的规格、尺寸、数量；
3. 支架杆件之间的连接；
4. 支架的剪刀撑和其他支承设置；
5. 支架与结构之间的连接设置；
6. 支架杆件底部的支承情况。

检查数量：全数检查。

检验方法：观察、尺量检查；力矩扳手检查。

4.2.3 模板安装质量应符合下列要求：

1. 模板的接缝应严密；
2. 模板内不应有杂物；
3. 模板与混凝土的接触面应平整、清洁；
4. 对清水混凝土构件，应使用能达到设计效果的模板。

检查数量：全数检查。

检验方法：观察检查。

4.2.4 脱模剂的品种和涂刷方法应符合专项施工方案的要求。脱模剂不得影响结构性能及装饰施工，不得沾污钢筋和混凝土接槎处。

检查数量：全数检查。

检验方法：观察检查；检查质量证明文件和施工记录。

4.2.5 模板的起拱应符合现行国家标准《混凝土结构工程施工规范》GB 50666 的规定，并应符合设计及施工方案的要求。

检查数量：在同一检验批内，对梁，应抽查构件数量的 10%，且不少于 3 件；对板，应按有代表性的自然间抽查 10%，且不少于 3 间；对大空间结构，板可按纵、横轴线划分检查面，抽查 10%，且不少于 3 面。

检验方法：水准仪或尺量检查。

4. 预防措施

（1）模板支架及墙模板斜撑必须安装在坚实的地基上，并应有足够的支承面积，以保证结构不发生下沉。如为湿陷性黄土地基，应有防水措施，防止浸水面造成模板下沉变形。

（2）柱模板应设置足够数量的柱箍，底部混凝土水平侧压力较大，柱箍还应适当加密。

(3) 混凝土浇筑前应仔细检查模板尺寸和位置是否正确，支承是否牢固，穿墙螺栓是否锁紧，发现松动，应及时处理。

(4) 墙浇筑混凝土应分层进行，第一层混凝土浇筑厚度为50cm，然后均匀振捣；上部墙体混凝土分层浇筑，每层厚度不得大于1.0m，防止混凝土一次下料过多。

(5) 为防止构造柱浇筑混凝土时发生鼓胀，应在外墙每隔1m左右设两根拉条，与构造柱模板或内墙拉结。

(6) 模板计算时除按公式计算以外，要根据具体情况加以调整，因为模板计算不确定因素很多，如混凝土坍落度、温度、浇灌速度及振捣方法等都是不确定的，计算时要给予考虑。

(7) 螺栓方面，螺栓破断多发生在螺帽脱落，如一个螺栓的螺帽脱落失效，导致周边的螺栓受力加大以致破断，依次影响更多的螺栓，从而发生整体爆模，这样的情况可采用双螺母，或建议生产带销子的螺栓防止螺帽脱落。

(8) 工程地下剪力墙和地下负层楼板以及部分墙柱用钢模板。梁、柱全部使用钢模板。

(9) 由于混凝土侧压力是呈倒三角形分布，拉杆要按照下密上疏的原则来设置，以缓解模板拉杆数量不足的问题。

(10) 若支承高度超过4.5m（建筑物结构层高），要采用钢支模作支承。

(11) 模板支承的稳固方面，重点检查受力杆件和纵向支承的稳固性。

(12) 浇捣混凝土时，要求均匀对称下料，严格控制浇筑高度，特别是门窗洞口模板两侧，既要保证混凝土振捣密实，又要防止过分振捣引起模板变形。

(13) 采用木模板、胶合板模板施工时，验收合格后要及时浇筑，防止曝晒雨淋发生变形，重复使用的木模板必须严格检查修复。

(14) 严格要求操作人员控制好混凝土振捣的插入深度，不得过深。已振捣的部位不得再次振捣，避免爆模现象产生。

5. 工程实例照片

图5-15　底部胀模

图5-16　剪力墙中部胀模

图 5-17　楼梯接缝处胀模

图 5-18　剪力墙端部胀模

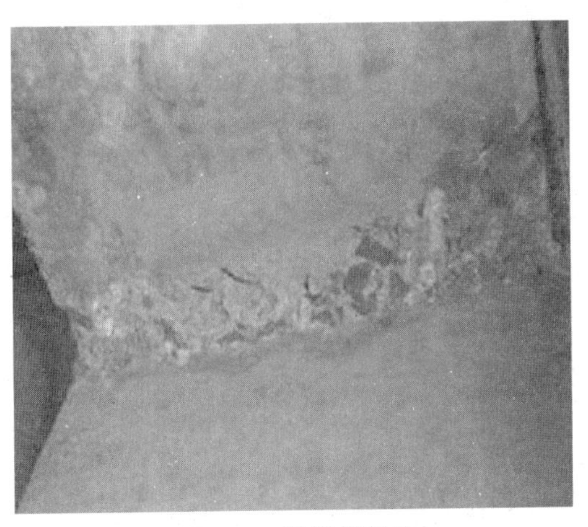

图 5-19　梁端部胀模

图 5-20　加固螺栓间距过大造成胀模

图 5-21　楼梯加固，阳角加设角钢

图 5-22　封闭式楼梯效果

图 5-23　剪力墙加固到位

图 5-24　吊线检查

图 5-25　阳角加固

图 5-26　施工缝处加固

图 5-27　柱子加固

图 5-28　降板支模

图 5-29　混凝土剪力墙效果

图 5-30　阴阳角效果

5.4　钢筋混凝土现浇楼板裂缝

1. 问题现象

（1）楼板板底产生较规则的裂缝。

（2）混凝土坍落度偏大，混凝土失水后的收缩较大，板面产生不规则裂缝。

（3）未进行二次振捣和二次收模，或二次收模间歇时间不到对已开裂和正在发展的裂缝未很好地闭合，未增加表面密实度，板面产生不规则裂缝。

（4）混凝土在终凝前未及时覆膜养护，板面产生不规则裂缝。

（5）沿现浇板内管线走向板底产生较规则的裂缝。

（6）沿模板拼缝漏浆处板底产生较规则裂缝。

（7）模板底支承刚度不足或拆模过早、上荷载过大产生规则裂缝。

（8）配筋或现浇板厚度不足产生较规则裂缝。

2. 预防措施

设计方面：

（1）住宅的建筑平面宜规则，避免平面形状突变。当平面有凹口时，凹口周边楼板的配筋宜适当加强。当楼板平面形状不规则时，宜设置梁使之形成较规则的平面。

（2）钢筋混凝土现浇楼板（以下简称现浇板）的设计厚度一般不应小于120mm（厨房、浴厕、阳台板不得小于90mm），浴厕地面顶标高应比其他地面低20mm。

（3）屋面及建筑物两端单元中的现浇板应设置双层双向钢筋，钢筋间距不宜大于100mm，直径不宜小于8mm，开间大于4.2m的外墙转角处应设置放射形钢筋，钢筋的数量不应少于5ϕ10，长度应大于板跨的1/3，且不得小于1.5m。

（4）在现浇板角急剧变化处，大开洞削弱处等易引起收缩应力集中处，钢筋间距不应大于150mm，直径不应小于6mm，并应在板的上表面布置纵横两个方向的温度收缩钢筋。

（5）现浇板强度等级不宜大于C30。

（6）砖混结构住宅长度大于50m时，宜在楼板中部设置后浇带。

施工方面：

（1）混凝土浇筑前应将模板表面上洒落的混凝土残渣清理干净。

（2）混凝土应采用减水率高、分散性能好、对混凝土收缩影响较小的外加剂，其减水率不应低于8%。预拌混凝土的含砂率应控制在40%以内，每立方米粗骨料的用量不少于1000kg，粉煤灰的掺量不宜大于15%。

（3）预拌混凝土进场时按检验批检查入模坍落度，高层住宅不应大于180mm，其他住宅不应大于150mm。

（4）混凝土浇筑振捣后一定间歇（初凝前）进行二次平板振动器振捣，随即木模进行收压，待混凝土终凝前进行二次收模，宜选用电动收模机收模，边收边用薄膜覆盖。薄膜覆盖养护至少不应少于7d，不宜少于14d，且应保证膜内有水露、薄膜紧贴混凝土表面，在弹线时揭开的薄膜应重新覆盖。

（5）模板支撑系统应经过计算，除满足强度要求外，还必须有足够的刚度和稳定性，特别是底层立杆下基层要达到一定的强度和稳定性。支承立杆与墙间距不得大于400mm，中间不宜大于900mm。应保证模板底支承间距和刚度，模板拼缝应封堵严密。

（6）根据工期要求，配备足够数量的模板，应考虑到施工荷载是设计荷载的2～3倍，宜配备不少于三层模板来保证满足拆模时间和上荷载时间。现浇板养护期间，当混凝土强度小于1.2MPa且浇筑时间不少于36h时，不得进行后续施工。当混凝土强度小于10MPa且浇筑时间不少于60h时，不得在现浇板上吊运、堆放重物。吊运、堆放重物时应严格控制施工集中荷载，以减轻对现浇板的冲击影响。

（7）严格控制现浇板的厚度和现浇板中钢筋保护层的厚度，马凳支设要到位，在浇筑混凝土时保证钢筋不位移；跑道搭设要到位，避免踩踏钢筋。在混凝土浇筑前应做好现浇板板厚度的控制标识，每1.5～2㎡范围内宜设置一处。

（8）现浇板中的线管必须布置在钢筋网片之上（双层双向配筋时，布置在上层钢筋之下），交叉布线处应采用线盒（电压等级相同时），线管的直径应小于1/3楼板厚度，沿预埋管线方向应增设ϕ6@150、宽度不小于450mm的钢筋网带。严禁水管水平埋设在现浇板中。在埋管较集中的部位，管与管不能并列紧密排列，间距不应小于50mm。

（9）施工缝的位置和处理、后浇带的位置和混凝土浇筑应严格按设计要求和施工技术方案执行。后浇带应设在对结构受力影响较小的部位，宽度为700～1000mm。后浇带的混凝土浇筑应在主体结构浇筑60d后进行，浇筑时宜采用膨胀混凝土。

3. 工程实例照片

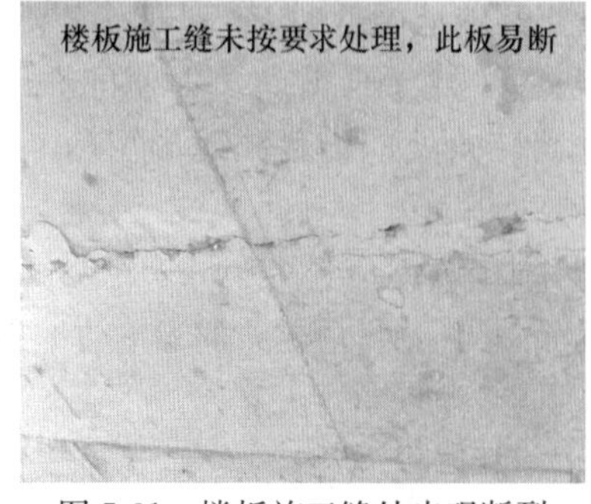

图5-31　楼板施工缝处出现断裂

图5-32　楼板下部出现龟裂

图 5-33　楼板出现大面积裂缝

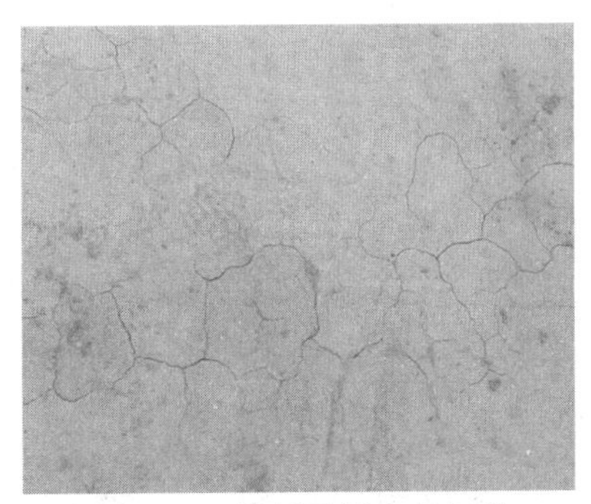

图 5-34　楼板下部出现龟裂

图 5-35　楼板表面出现裂缝（一）

图 5-36　楼板表面出现裂缝（二）

5-37　剔槽刷环氧树脂防水涂料处理

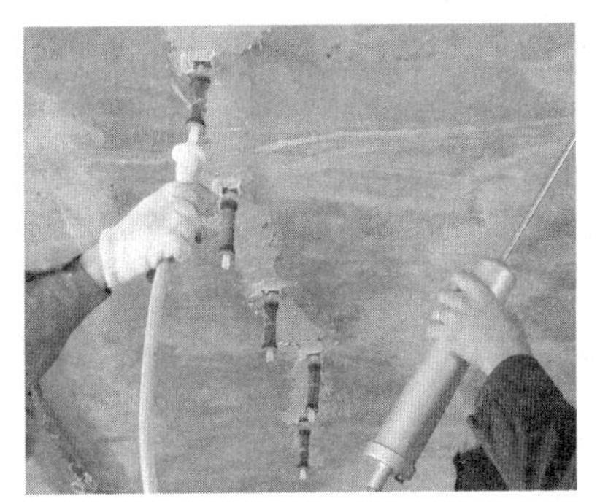

图 5-38　高压注浆处理

第6章　钢结构工程

6.1　起拱、外形尺寸不准确

1. 问题现象

构件进场或安装时出现起拱值不准确，或构件外形尺寸偏差较大。

2. 原因分析

（1）构件制作时因焊接产生变形，一般呈缓弯。
（2）运输过程中碰撞产生死弯。
（3）堆放时垫点不合格。

3. 相关规范和标准要求

《钢结构工程施工质量验收规范》（GB 50205—2001）的相关要求如下：

4.1　一般规定

4.1.1　本章适用于进入钢结构各分项工程实施现场的主要材料、零（部）件、成品件、标准件等产品的进场验收。

4.1.2　进场验收的检验批原则上应与各分项工程检验批一致，也可以根据工程规模及进料实际情况划分检验批。

4.2　钢材

4.2.1　钢材、钢铸件的品种、规格、性能等应符合现行国家产品标准和设计要求。进口钢材产品的质量应符合设计和合同规定标准的要求。

检查数量：全数检查。

检验方法：检查质量合格证明文件、中文标志及检验报告等。

4.2.2　对属于下列情况之一的钢材，应进行抽样复验，其复验结果应符合现行国家产品标准和设计要求。

1. 国外进口钢材；
2. 钢材混批；
3. 板厚等于或大于40mm，且设计有Z向性能要求的厚板；
4. 建筑结构安全等级为一级，大跨度钢结构中主要受力构件所采用的钢材；
5. 设计有复验要求的钢材；
6. 对质量有疑义的钢材。

检查数量：全数检查。

检验方法：检查复验报告。

4.2.3 钢板厚度及允许偏差应符合其产品标准的要求。

检查数量：每一品种、规格的钢板抽查5处。

检验方法：用游标卡尺量测。

4.2.4 型钢的规格尺寸及允许偏差符合其产品标准的要求。

检查数量：每一品种、规格的型钢抽查5处。

检验方法：用钢尺和游标卡尺量测。

4.2.5 钢材的表面外观质量除应符合国家现行有关标准的规定外，尚应符合下列规定：

1. 当钢材的表面有锈蚀、麻点或划痕等缺陷时，其深度不得大于该钢材厚度负允许偏差值的1/2；

2. 钢材表面的锈蚀等级应符合现行国家标准《涂装前钢材表面锈蚀等级和除锈等级》GB 8923规定的C级及C级以上；

3. 钢材端边或断口处不应有分层、夹渣等缺陷。

检查数量：全数检查。

检验方法：观察检查。

4. 预防措施

（1）放样、下料时应明确计算起拱值，按计算值准确放样、下料。

（2）采用正确的拼装方法和加工工艺，严格控制累计偏差值，发现偏差及时进行校正。

（3）经过检验合格的构件在运输、吊装时应采取必要的加固措施。

（4）堆放时应设枕木。

5. 工程实例照片

图6-1 钢构件的吊装与堆放

6.2 构件制孔不准确

1. 问题现象

漏孔；安装孔偏差大，安装螺栓无法自由穿入。

2. 原因分析

孔距位移、孔径尺寸、孔内有毛刺。

3. 相关规范和标准要求

《钢结构工程施工质量验收规范》(GB 50205—2001) 的相关要求如下：

7.6.1　A、B级螺栓孔（Ⅰ类孔）应具有H12的精度，孔壁表面粗糙度Ra不应大于12.5μm。其孔径的允许偏差应符合表7.6.1-1的规定。C级螺栓孔（Ⅱ类孔），孔壁表面粗糙度Ra不应大于25μm，其允许偏差应符合表7.6.1-2的规定。

检查数量：按钢构件数量抽查10%，且不应少于3件。

检验方法：用游标卡尺或孔径量规检查。

表7.6.1-1　A、B级螺栓孔径的允许偏差　(mm)

序号	螺栓公称直径、螺栓孔直径	螺栓公称直径允许偏差	螺栓孔直径允许偏差
110～18		0.00 −0.21	+0.18 0.00
218～30		0.00 −0.21	+0.21 0.00
330～50		0.00 −0.25	+0.25 0.00

表7.6.1-2　C级螺栓孔的允许偏差　(mm)

项目	允许偏差
直径	+1.0 0.0
圆度 2.0	
垂直度 0.03	t，且不应大于2.0

Ⅱ一般项目

7.6.2　螺栓孔孔距的允许偏差应符合表7.6.2的规定。

检查数量：按钢构件数量抽查10%，且不应少于3件。

检验方法：用钢尺检查。

表7.6.2　螺栓孔孔距允许偏差　(mm)

螺栓孔孔距范围	≤500	501～1200	1201～3000	>3000
同一组内任意两孔间距离	±1.0	±1.5	—	—
相邻两组的端孔间距离	±1.5	±2.0	±2.5	±3.0

注：1. 在节点中连接板与一根杆件相连的所有螺栓孔为一组。
2. 对接接头在拼接板一侧的螺栓孔为一组。
3. 在两相邻节点或接头间的螺栓孔为一组，但不包括上述两款所规定的螺栓孔。
4. 受弯构件翼缘上的连接螺栓孔，每米长度范围内的螺栓孔为一组。

7.6.3　螺栓孔孔距的允许偏差超过本规范表 7.6.2 规定的允许偏差时，应采用与母材材质相匹配的焊条补焊后重新制孔。

检查数量：全数检查。

检验方法：观察检查。

4. 预防措施

（1）构件制孔放样时应按施工图标定孔径、孔距、边距等标注孔中心线。

（2）严格控制制孔设备精度，定期检查、校正。

（3）构件制孔完毕后应逐一进行检查，发现漏孔或偏差较大时及时处理。

（4）制孔完毕后应彻底清除孔边毛刺，并不得损伤母材。

5. 工程实例照片

图 6-2　构件制孔规范、连接可靠

6.3　焊缝出现气孔、夹渣、未焊透等缺陷

1. 问题现象

焊缝探伤发现夹渣、气孔、未焊透等内部缺陷。

2. 原因分析

1）夹渣

（1）焊接材料质量不好，熔渣太稠。

（2）焊件上或坡口内的锈蚀或其他杂质未清理干净。

（3）分层焊时，各层熔渣在焊接工程中未彻底清除干净便进行下一层的焊接。

（4）电流太小，焊速太快。

2）气孔

（1）焊条受潮。

（2）酸性焊条烘焙温度过高，焊件不清洁。
（3）电流过大使焊条发红。
（4）保护性气体不纯。
（5）焊丝锈蚀。
3）未焊透
（1）焊接电流太小，焊接速度太快。
（2）坡口角度太小，焊接角度不当。
（3）焊条有偏心。
（4）双面焊时，背部清理不彻底。
（5）焊件上有锈蚀等未清理干净的杂质。
（6）定位焊时焊接材料的不匹配，焊角尺寸和焊点间距不规范，影响焊缝成形，造成未焊透、未熔合缺陷。

3. 相关规范和标准要求

《钢结构工程施工质量验收规范》（GB 50205—2001）的相关要求如下：

5.1 一般规定

5.1.1 本章适用于钢结构制作和安装中的钢构件焊接和焊钉焊接的工程质量验收。

5.1.2 钢结构焊接工程可按相应的钢结构制作或安装工程检验批的划分原则划分为一个或若干个检验批。

5.1.3 碳素结构钢应在焊缝冷却到环境温度、低合金结构钢应在完成焊接 24h 以后，进行焊缝探伤检验。

5.1.4 焊缝施焊后应在工艺规定的焊缝及部位打上焊工钢印。

5.2 钢构件焊接工程

5.2.1 焊条、焊丝、焊剂、电渣焊熔嘴等焊接材料与母材的匹配应符合设计要求及国家现行行业标准《建筑钢结构焊接技术规程》JGJ 81 的规定。焊条、焊剂、药芯焊丝、熔嘴等在使用前，应按其产品说明书及焊接工艺文件的规定进行烘焙和存放。

检查数量：全数检查。

检验方法：检查质量证明书和烘焙记录。

5.2.2 焊工必须经考试合格并取得合格证书。持证焊工必须在其考试合格项目及其认可范围内施焊。

检查数量：全数检查。

检验方法：检查焊工合格证及其认可范围、有效期。

5.2.3 施工单位对其首次采用的钢材、焊接材料、焊接方法、焊后热处理等，应进行焊接工艺评定，并应根据评定报告确定焊接工艺。

检查数量：全数检查。

检验方法：检查焊接工艺评定报告。

5.2.4 设计要求全焊透的一、二级焊缝应采用超声波探伤进行内部缺陷的检验，超声波探伤不能对缺陷作出判断时，应采用射线探伤，其内部缺陷分级及探伤方法应符合现行国家标准《钢焊缝手工超声波探伤方法和探伤结果分级法》GB 11345 或《钢熔化焊对接接头射线照相和质量分级》GB 3323 的规定。

焊接球节点网架焊缝、螺栓球节点网架焊缝及圆管 T、K、Y 形节点相关线焊缝，其内部缺陷分级及探伤方法应分别符合国家现行标准《焊接球节点钢网架焊缝超声波探伤方法及质量分级法》JBJ/T 3034.1、《螺栓球节点钢网架焊缝超声波探伤方法及质量分级法》JBJ/T 3034.2、《建筑钢结构焊接技术规程》JGJ 81 的规定。

一级、二级焊缝的质量等级及缺陷分级应符合表 5.2.4 的规定。

检查数量：全数检查。

检验方法：检查超声波或射线探伤记录。

表 5.2.4　一、二级焊缝质量等级及缺陷分级

焊缝质量等级		一级	二级
内部缺陷 超声波探伤	评定等级	Ⅱ	Ⅲ
	检验等级	B 级	B 级
	探伤比例	20%	%
内部缺陷 射线探伤	评定等级	Ⅱ	Ⅲ
	检验等级	AB 级	级
	探伤比例	20%	%

注：探伤比例的计数方法应按以下原则确定：(1) 对工厂制作焊缝，应按每条焊缝计算百分比，且探伤长度应不小于 200mm，当焊缝长度不足 20mm 时，应对整条焊缝进行探伤；(2) 对现场安装焊缝，应按同一类型，同一施焊条件的焊缝条数计算百分比，探伤长度应不小于 20mm，并应不少于 1 条焊缝。

5.2.5　T 形接头、十字接头、角接接头等要求熔透的对接和角对接组合焊缝，其焊脚尺寸不应小于 $t/4$（图 5.2.5a、b、c）；设计有疲劳验算要求的吊车梁或类似构件的腹板与上翼缘连接焊缝的焊脚尺寸为 $t/2$（图 5.2.5d），且不应大于 10mm。焊脚尺寸的允许偏差为 0～4mm。

检查数量：资料全数检查；同类焊缝抽查 10%，且不应少于 3 条。

检验方法：观察检查，用焊缝量规抽查测量。

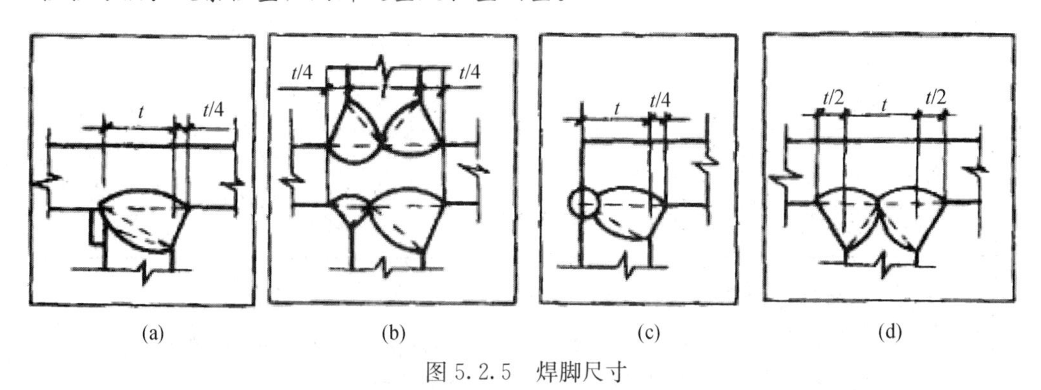

图 5.2.5　焊脚尺寸

5.2.6　焊缝表面不得有裂纹、焊瘤等缺陷。一级、二级焊缝不得有表面气孔、夹渣、弧坑裂纹、电弧擦伤等缺陷。且一级焊缝不得有咬边、未焊满、根部收缩等缺陷。

检查数量：每批同类构件抽查 10%，且不应少于 3 件；被抽查构件中，每一类型焊缝按条数抽查5%，且不应少于1条；每条检查1处，总抽查数不应少于10处。

检验方法：观察检查或使用放大镜、焊缝量规和钢尺检查，当存在疑义时，采用渗透或磁粉探伤检查。

5.2.7 对于需要进行焊前预热或焊后热处理的焊缝，其预热温度或后热温度应符合国家现行有关标准的规定或通过工艺试验确定。预热区在焊道两侧，每侧宽度均应大于焊件厚度的1.5倍以上，且不应小于100mm；后热处理应在焊后立即进行，保温时间应根据板厚按每25mm板厚1h确定。

检查数量：全数检查。

检验方法：检查预、后热施工记录和工艺试验报告。

5.2.8 二级、三级焊缝外观质量标准应符合本规范附录A中表A.0.1的规定。三级对接焊缝应按二级焊缝标准进行外观质量检验。

A.0.1 二级、三级焊缝外观质量标准应符合表A.0.1的规定。

表A.0.1 二级、三级焊缝外观质量标准

项目	允许偏差	
缺陷类型	二级	三级
未焊满（指不足设计要求）	$\leq 0.2+0.02t$，且≤ 1.0	$\leq 0.2+0.04t$，且≤ 2.0
根部收缩	每100.0焊缝内缺陷总长≤ 25.0	
咬边	$\leq 0.2+0.02t$，且≤ 1.0	$\leq 0.2+0.04t$，且≤ 2.0
弧坑裂纹	长度不限	
电弧擦伤	$\leq 0.05t$，且≤ 0.05；连续长度≤ 100.0，且焊缝两侧咬边总长$\leq 10\%$焊缝全长	$\leq 0.1t$且≤ 1.0，长度不限
	……	允许存在个别长度≤ 5.0的弧坑裂纹
	……	允许存在个别电弧擦伤
接头不良	缺口深度$0.05t\leq$，且≤ 0.5	缺口深度$0.1t$，且≤ 1.0
	每1000.0焊缝不应超过1处	
表面夹渣	……	深$\leq 0.2t$，长$\leq 0.5t$，且≤ 2.0
表面气孔	……	每50.0焊缝长度内允许直径$\leq 0.4t$，且≤ 3.0的气孔2个，孔距≥ 6倍孔径

注：表内t为连接处较薄的板厚。

检查数量：每批同类构件抽查10%，且不应少于3件；被抽查构件中，每一类型焊缝按条数抽查5%，且不应少于1条；每条检查1处，总抽查数不应少于10处。

检验方法：观察检查或使用放大镜、焊缝量规和钢尺检查。

5.2.9 焊缝尺寸允许偏差应符合本规范附录A中表A.0.2的规定。

A.0.2 对接焊缝及完全熔透组合焊缝尺寸允许偏差应符合表A.0.2的规定。

表 A.0.2　对接焊缝及完全熔透组合焊缝尺寸允许偏差　　　(mm)

序号	项目	图例	允许偏差	
			一、二级	三级
1	对接焊缝余高 C		B<20：0−3.0 B≥20：0−4.0	B<20：0−4.0 B≥20：0−5.0
2	对接焊错边 d		$d>0.15t$ 且≤2.0	$d<0.15t$ 且≤3.0

检查数量：每批同类构件抽查 10%，且不应少于 3 件；被抽查构件中，每种焊缝按条数各抽查 5%，但不应少于 1 条；每条检查 1 处，总抽查数不应少于 10 处。

检验方法：用焊缝量规检查。

5.2.10　焊成凹形的角焊缝，焊缝金属与母材间应平缓过渡；加工成凹形的角焊缝，不得在其表面留下切痕。

检查数量：每批同类构件抽查 10%，且不应少于 3 件。

检验方法：观察检查。

5.2.11　焊缝感观应达到：外形均匀、成型较好，焊道与焊道、焊道与基本金属间过渡较平滑，焊渣和飞溅物基本清除干净。

检查数量：每批同类构件抽查 10%，且不应少于 3 件；被抽查构件中，每种焊缝按数量各抽查 5%，总抽查处不应少于 5 处。

检验方法：观察检查。

4. 预防措施

（1）提高焊工焊接操作技能，严格执行焊接工艺。

（2）采用工艺性能良好的焊条。

（3）焊前选择合理的焊接规范及坡口尺寸。

（4）焊接前应对坡口及焊层间进行彻底清理，不允许存在杂质脏物。

（5）合理选择焊接方法。

（6）焊接前应对焊接材料进行烘焙与保温，领用后在大气中不宜超过 4h。

（7）厚工件焊前要预热达到规范要求的温度，应严格控制焊接温度，并确保焊后保温的时间足够。

（8）在相对湿度大于 90%时应暂停施焊，气体保护焊在风速超过 2m/s、手工电弧焊在风速超过 8m/s 时施焊应采取挡风措施。

（9）施焊环境温度低于 0℃时，应将工件加热到 20℃，原需加热的工件此时应多预热 20℃，加热范围为长宽各大于 2 倍工件的厚度，且各不小于 100mm。

（10）对接组装和焊接工艺参数要严格执行焊接工艺要求。

（11）焊条（焊丝）角度要正确，不应使熔滴向一侧过渡。

（12）凡无损检测发现存在夹渣、气孔、未焊透等超标缺陷的，都要按规定进行返修。

（13）定位焊必须由持相应合格证的焊工施焊；定位焊时使用与正式焊相同的焊接材料，要求清根的焊缝应在接头坡口的外侧进行定位焊接；定位焊焊缝上有气孔和裂纹时，铲除后重新焊接。

5. 工程实例照片

图 6-3 钢结构焊接作业

6.4 焊缝出现裂纹

1. 问题现象

在焊接过程中或焊接后，在焊缝中心，或根部或弧坑或热影响区出现纵或横向的裂纹。

2. 原因分析

裂纹分为冷裂纹和热裂纹两类。

1）热裂纹产生原因：

（1）电压过低，电流过高，在焊缝冷却收缩时焊道的断面产生裂纹。

（2）弧坑处的冷却速度过快，弧坑的凹形未充分填满。

2）冷裂纹产生原因：

（1）焊接金属中含氢量较高。

（2）焊接接头的约束力较大。

（3）母材的含碳量较高，冷却速度快。

3. 相关规范和标准要求

见本章 6.3 节。

4. 预防措施

（1）表面裂纹如很浅，可用角向砂轮将其磨去，磨至能向周边的焊缝平顺过渡，向母材圆滑过渡为止。如裂纹很深，则必须用对待焊缝内部缺陷同样的办法做焊接修补。

（2）厚工件焊接前要预热，达到规范要求的温度并严格控制道间温度，厚工件焊后按 WPS 规定立即进行后热（去氢）处理，并确保后热处理的温度合适和保温的时间足够。

（3）焊接热输入，以及焊接参数应严格由 PQR 确定，并在 WPS 中加以确定，施焊时应严格执行。

（4）一般的对接焊缝，其焊缝形状系数 ψ，即焊宽 B 与焊深 H 的比值等于 1.3，但厚钢板对焊的打底焊缝的 ψ 应减小 1.2。

（5）严格审核钢材和焊接材料的质量证明文件，控制钢材的焊接材料中的硫和磷的含量，必要时应抽样复检。

（6）焊材的选用与被焊接的钢材（母材）相匹配。

（7）焊接应按规定烘焙和保温。

（8）严格地做好焊前的坡口清洁工作，尤其应在切割边上磨去 0.5mm 厚的脆化层。

（9）拒绝使用镀铜层脱落的焊丝。

5. 工程实例照片

图 6-4　焊缝作业不规范

6.5　焊接变形

1. 问题现象

焊接过程中或焊接完毕构件产生超过允许偏差的变形，导致无法安装。

2. 原因分析

焊接工艺不合理，电焊参数选择不当，焊接遍数不当形成的焊接变形。

3. 相关规范和标准要求

见本章 6.3 节。

4. 预防措施

（1）采用正确合理的焊接方法和焊接顺序，控制构件在焊接过程中变形平衡或相互抵消，根据焊接接头形式，构件放置条件、焊缝布置等因素可采用对称焊。

（2）焊接前，将工件向与焊接变形相反方向预留偏差。

（3）对长焊缝采用分段退焊法、跳焊法或多人对称焊接。

（4）对 H 型自动焊，四条自动焊缝应交错进行焊接。

（5）在满足焊接工艺的情况下，尽量采用小电流施焊。

（6）采用能量密度高的焊接方法，如尽量采用熔化极气体保护焊或药芯焊丝自保护电弧焊。

（7）采用夹具和专用胎具将构件固定后再进行施焊，对接焊时，焊前可将坡口处垫高，焊后由于焊后收缩对接处基本平整；对易变形的大型构件，焊前分析焊接变形的方向，采用加临时支撑的方法施以拉力或支撑力限制。

（8）构件焊接完成后如发现变形必须进行校正。

5. 工程实例照片

图 6-5　焊接变形

6.6　栓钉焊接外观质量不符合要求

1. 问题现象

栓钉焊接外观过厚、少薄、凹陷、裂纹、未熔合、咬边以及气孔等。

2. 原因分析

（1）电流太大。

（2）电弧过长或运条角度不当。

（3）焊接位置不当。

（4）焊条受潮。

（5）酸性焊条烘焙温度过高，焊件不清洁。

（6）电流过大使焊条发红。

（7）保护性气体不纯。

（8）焊丝锈蚀。

3. 相关规范和标准要求

《钢结构工程施工质量验收规范》(GB 50205—2001)的要求如下：

5.3.1 施工单位对其采用的焊钉和钢材焊接应进行焊接工艺评定，其结果应符合设计要求和国家现行有关标准的规定。瓷环应按其产品说明书进行烘焙。

检查数量：全数检查。

检验方法：检查焊接工艺评定报告和烘焙记录。

5.3.2 焊钉焊接后应进行弯曲试验检查，其焊缝和热影响区不应有肉眼可见的裂纹。

检查数量：每批同类构件抽查10%，且不应少于10件；被抽查构件中，每件检查焊钉数量的1%，但不应少于1个。

检验方法：焊钉弯曲30°后用角尺检查和观察检查。

5.3.3 焊钉根部焊脚应均匀，焊脚立面的局部未熔合或不足360°的焊脚应进行修补。

检查数量：按总焊钉数量抽查1%，且不应少于10个。

检验方法：观察检查。

4. 预防措施

(1) 栓钉焊前，必须按焊接参数调整好提升高度（即栓钉与母材间隙），焊接金属凝固前，焊枪不能移动。

(2) 栓钉焊接的电流大小、时间长短应严格按规范进行，焊枪下落要平滑。

(3) 焊枪脱落时要直起不能摆动。

(4) 母材材质应与栓钉匹配，栓钉与母材接触面的锌和潮湿必须彻底清除干净，低温焊接应通过低温焊接时间确定参数进行焊接，低温焊接不准立即清渣，应加以保温。

(5) 控制好焊接电流，以防栓钉与母材未熔合和焊肉咬边。

(6) 瓷环几何尺寸应符合标准，排气要好，栓钉与母材接触面必须清理干净。

5. 工程实例照片

图 6-6 栓钉按预放线就位

图 6-7 栓钉焊接

图 6-8　栓钉焊接外观检查

图 6-9　栓钉焊后做 30 度打弯检查

6.7　焊　　瘤

1. 问题现象

熔化金属流淌到焊缝以外，未能与母材熔合而形成金属瘤。

2. 原因分析

焊接工艺参数选择不当，操作技术不佳、焊件位置安放不当等。

3. 相关规范和标准要求

见本章 6.3 节。

4. 预防措施

（1）焊前清理好坡口。
（2）组装间隙要适当。
（3）选择合适的电流。

5. 工程实例照片

(a)焊缝处存在焊瘤

(b)焊缝完整规范

图 6-10

6.8 焊缝咬边

1. 问题现象

焊缝咬边母材上被电弧烧熔处凹陷或沟槽。

2. 原因分析

（1）电流太大。
（2）电弧过长或运条角度不当。
（3）焊接位置不当。

3. 相关规范和标准要求

见本章6.3节。

4. 预防措施

（1）焊接电流选择适当。
（2）尽量采取短弧焊接。
（3）掌握合适的焊条角度和运条手法。

5. 工程实例照片

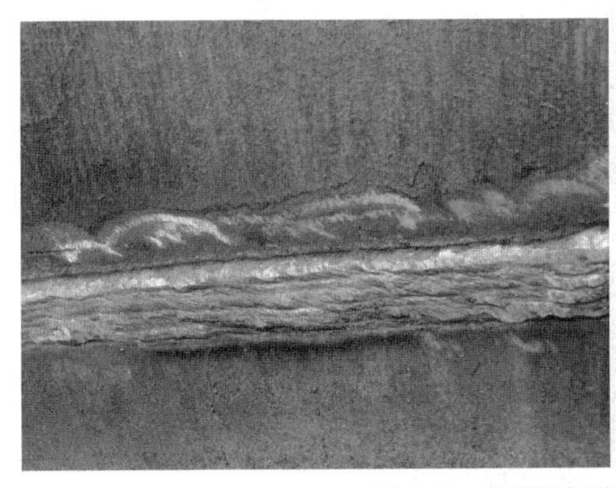
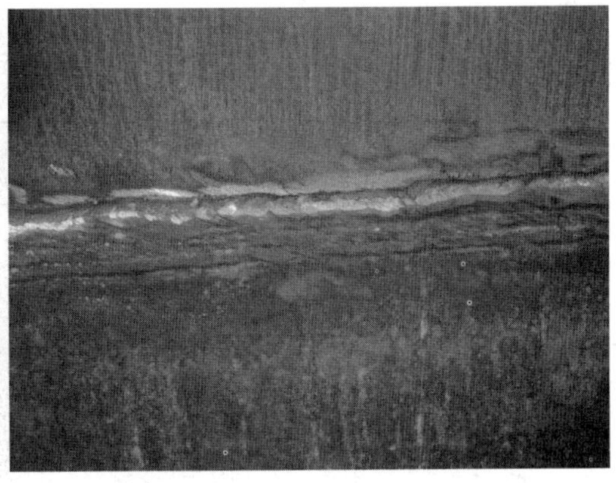

图6-11　焊接不规范，出现焊缝咬边现象

6.9 螺栓孔错位

1. 问题现象

（1）安装孔不重合，螺栓穿不进去。

（2）高强度螺栓孔径大小、不圆度、倾斜及孔间距离超偏。

2. 原因分析

（1）螺栓孔制作偏大。
（2）钢部件小拼累计偏差大，或螺栓紧固程度不一。
（3）制孔机床精度达不到制孔标准。
（4）制孔工序的工艺不合理。
（5）具体操作人员不熟练或没有经过正式制孔培训取得合格证。

3. 相关规范和标准要求

《钢结构工程施工质量验收规范》（GB 50205—2001）的相关要求如下：

7.6.1 A、B级螺栓孔（Ⅰ类孔）应具有H12的精度，孔壁表面粗糙度Ra不应大于12.5μm。其孔径的允许偏差应符合表7.6-1的规定。C级螺栓孔（Ⅱ类孔），孔壁表面粗糙度Ra不应大于25μm，其允许偏差应符合表7.6-2的规定。

检查数量：按钢构件数量抽查10%，且不应少于3件。

检验方法：用游标卡尺或孔径量规检查。

表7.6.1-1 A、B级螺栓孔径的允许偏差 （mm）

序号	螺栓公称直径、螺栓孔直径	螺栓公称直径允许偏差	螺栓孔直径允许偏差
1	10～18	0.00 −0.21	+0.18 0.00
2	18～30	0.00 −0.21	+0.21 0.00
3	30～50	0.00 −0.25	+0.25 0.00

表7.6.1-2 C级螺栓孔的允许偏差 （mm）

项目	允许偏差
直径	+1.0 0.0
圆度2.0	
垂直度0.03	*t*，且不应大于2.0

Ⅱ一般项目

7.6.2 螺栓孔孔距的允许偏差应符合表7.6.2的规定。

检查数量：按钢构件数量抽查10%，且不应少于3件。

检验方法：用钢尺检查。

表7.6.2 螺栓孔孔距允许偏差 （mm）

螺栓孔孔距范围	≤500	501～120	1201～300	>3000
同一组内任意两孔间距离	±1.0	±1.5	—	—

续表

螺栓孔孔距范围	≤500	501～120	1201～300	>3000
相邻两组的端孔间距离	±1.5	±2.0	±2.5	±3.0

注：1. 在节点中连接板与一根杆件相连的所有螺栓孔为一组。
2. 对接接头在拼接板一侧的螺栓孔为一组。
3. 在两相邻节点或接头间的螺栓孔为一组，但不包括上述两款所规定的螺栓孔。
4. 受弯构件冀缘上的连接螺栓孔，每米长度范围内的螺栓孔为一组。

7.6.3　螺栓孔孔距的允许偏差超过本规范表 7.6.2 规定的允许偏差时，应采用与母材材质相匹配的焊条补焊后重新制孔。

检查数量：全数检查。

检验方法：观察检查。

4. 预防措施

（1）不论粗制螺栓或精制螺栓，其螺栓孔在制作时尺寸、位置必须准确，对螺栓孔及安装面应作好修整，以便于安装。

（2）制孔必须采用钻孔工艺，因为冲孔工艺会使孔边产生微裂纹，孔壁周围产生冷作硬化现象，降低钢结构疲劳强度，还会使钢板表面局部不平整，所以必须采用经过计量检验合格的高精度的多轴立式钻床或数控机床钻孔。钻孔前，要磨好钻头，并要合理选择切削余量。

（3）同类孔较多，应采用套模制孔；小批量生产的孔，采用样板划线制孔；精度要求较高时，根据实测尺寸，对整体构件采用成品制孔。

（4）制成的螺栓孔应为正圆柱型，孔壁应保持与构件表面垂直。按划线钻孔时，应先试钻，确定中心后开始钻孔。在斜面或高低不平的面上钻孔时，应先用锪孔锪出一个小平面后，再钻孔。孔周边应无毛刺、破裂、喇叭口或凹凸的痕迹，切屑应清除干净。

（5）对孔距超差过大的，应采用补孔打磨后重新打孔或更换连接板。

5. 工程实例照片

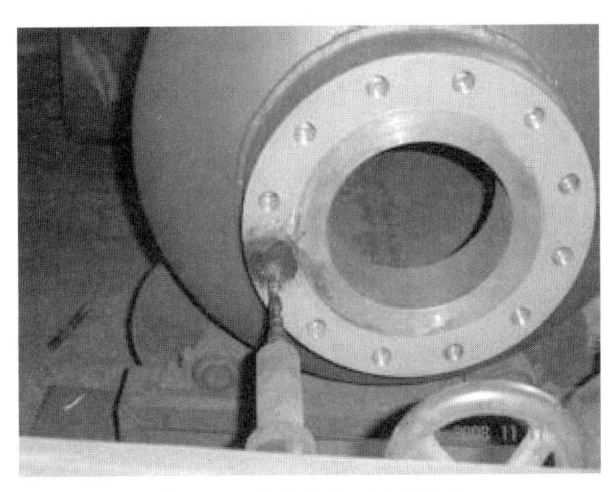

图 6-12　栓孔错位，重新打孔

6.10 防火涂层不均匀，防火涂层脱落，达不到设计要求

1. 问题现象

防火涂层不均匀，防火涂层脱落，涂料层与基层粘结不牢、空鼓以及脱落。

2. 原因分析

（1）涂装前钢材表面存在焊渣、焊疤、灰尘、油污、水和毛刺等，除锈质量达不到设计和规范的规定。

（2）底漆和面漆相互替代。

（3）涂装施工环境恶劣。

（4）涂刷后受太阳暴晒。

（5）涂层的遍数和厚度达不到要求。

3. 相关规范和标准要求

《钢结构工程施工质量验收规范》（GB 50205—2001）的相关要求如下：

14.3.1 防火涂料涂装前钢材表面除锈及防锈底漆涂装应符合设计要求和国家现行有关标准的规定。

检查数量：按构件数抽查10%，且同类构件不应少于3件。

检验方法：表面除锈用铲刀检查和用现行国家标准《涂装前钢材表面锈蚀等级和除锈等级》GB 8923规定的图片对照观察检查。底漆涂装用干漆膜测厚仪检查，每个构件检测5处，每处的数值为3个相距50mm测点涂层干漆膜厚度的平均值。

14.3.2 钢结构防火涂料的粘结强度应符合国家现行标准《钢结构防火涂料应用技术规程》CECS 24：90的规定。检验方法应符合现行国家标准《建筑构件防火喷涂材料性能试验方法》GB 9978的规定。

检查数量：每使用100t或不足100t薄涂型防火涂料应抽检一次粘结强度；每使用500t或不足500t厚涂型防火涂料应抽检一次粘结强度和抗压强度。

检验方法：检查复检报告。

14.3.3 薄涂型防火涂料的涂层厚度应符合有关耐火极限的设计要求。厚涂型防火涂料涂层的厚度，80%及上面积应符合有关耐火极限的设计要求，且最薄处厚度不应低于设计的85%。

检查数量：按同类构件数抽查10%，且均不应少于3件。

检验方法：用涂层百度测量仪、测针和金刚尺检查。测量方法应符合国有现行标准《金刚结构防火涂料应用技术规程》CECS 24：90的规定及本规范附录F。

14.3.4 薄涂型防火涂料涂层表面裂纹宽度不应大于0.5mm；厚涂型防火涂料涂层表面裂纹宽度不应大于1mm。

检查数量：全数检查。

检验方法：观察检查。

14.3.5　防火涂料装基层不应有油污、灰尘和泥砂等污垢。

检查数量：全数检查。

检验方法：观察检查。

14.3.6　防火涂料不应有误涂、漏涂、涂层应闭全无脱层、空鼓、明显凹陷、粉化松散和浮浆等外观缺陷，乳凸已剔除。

检查数量：全数检查。

检验方法：观察检查。

4. 预防措施

（1）分层喷涂，保证每层厚度。

（2）过程中的测量。

（3）及时处理缺陷。

（4）材料把关。

（5）基层处理。

（6）考虑季节环境。

5. 工程实例照片

图 6-13　防火涂层不均匀，部分出现脱落

6.11 钢结构安装过程中，忽视安装阶段的结构稳定

1. 问题现象

钢结构安装前，不进行相应的安装阶段稳定性验算，并根据具体情况采取相应临时稳定加固措施，可能影响结构稳定性和导致结构产生永久变形，严重时甚至导致结构失稳倒塌。

2. 原因分析

构件在出厂前虽然已经检验合格，但在装卸、运输、堆放过程中有可能造成钢构件变形和涂层刮蹭，影响钢结构安装质量。

3. 相关规范和标准要求

《钢结构工程施工质量验收规范》(GB 50205—2001) 的要求如下：

10.1.1 本章适用于单层钢结构的主体结构、地下钢结构、檩条及墙架等次要构件、钢平台、钢梯、防护栏杆等安装工程的质量验收。

10.1.2 单层钢结构安装工程可按变形缝或空间刚度单元等划分成一个或若干个检验批。地下钢结构可按不同地下层划分检验批。

10.1.3 钢结构安装检验批应在进场验收和焊接连接、紧固件连接、制作等分项工程验收合格的基础上进行验收。

10.1.4 安装的测量校正、高强度螺栓安装、负温度下施工及焊接工艺等，应在安装前进行工艺试验或评定，并应在此基础上制定相应的施工工艺或方案。

10.1.5 安装偏差的检测，应在结构形成空间刚度单元并连接固定后进行。

10.1.6 安装时，必须控制屋面、楼面、平台等的施工荷载，施工荷载和冰雪荷载等严禁超过梁、桁架、楼面板、屋面板、平台铺板等的承载能力。

10.1.7 在形成空间刚度单元后，应及时对柱底板和基础顶面的空隙进行细石混凝土、灌浆料等二次浇灌。

10.1.8 吊车梁或直接承受动力荷载的梁其受拉翼缘、吊车桁架或直接承受动力荷载的桁架其受拉弦杆上不得焊接悬挂物和卡具等。

10.3.1 钢构件应符合设计要求和本规范的规定。运输、堆放和吊装等造成的钢构件变形及涂层脱落，应进行矫正和修补。

检查数量：按构件数抽查10%，且不应少于3个。

检验方法：用拉线、钢尺现场实测或观察。

10.3.2 设计要求顶紧的节点，接触面不应少于70%紧贴，且边缘最大间隙不应大于0.8mm。

检查数量：按节点数抽查10%，且不应少于3个。

检验方法：用钢尺及0.3mm和0.8mm厚的塞尺现场实测。

10.3.3 钢屋（托）架、桁架、梁及受压杆件的垂直度和侧向弯曲矢高的允许偏差应符合表10.3.3的规定。

检查数量：按同类构件数抽查10%，且不应少于3个。

检验方法：用吊线、拉线、经纬仪和钢尺现场实测。

表10.3.3　钢屋（托）架、桁架、梁及受压杆件垂直度和侧向弯曲矢高的允许偏差　（mm）

项目	允许偏差		图例
跨中的垂直度	$h/250$，且不应大于15.0		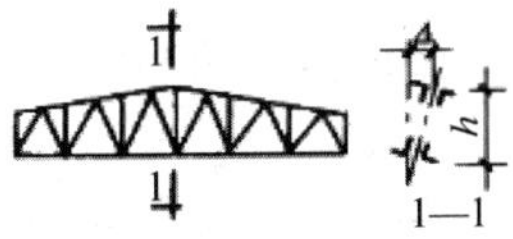
侧向弯曲矢高 f	$l \leqslant 30$m	$l/1000$，且不应大于10.0	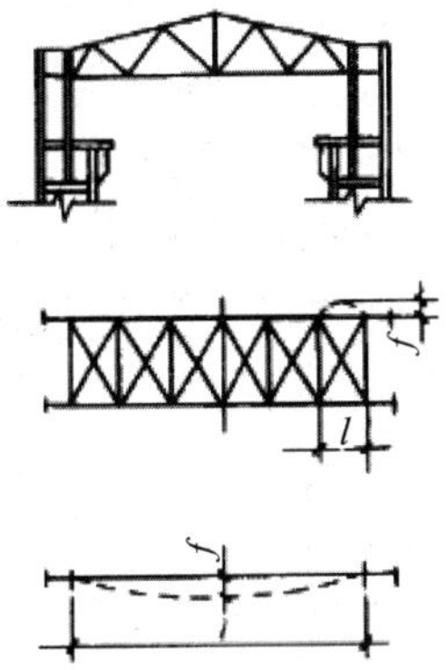
	30m$<l\leqslant$60m	$l/1000$，且不应大于30.0	
	$l>60$m	$l/1000$，且不应大于50.0	

10.3.4　单层钢结构主体结构的整体垂直度和整体平面弯曲的允许偏差应符合表10.3.4的规定。

检查数量：对主要立面全部检查。对每个所检查的立面，除两列角柱外，尚应至少选取一列中间柱。

检验方法：采用经纬仪、全站仪等测量。

表10.3.4　整体垂直度和整体平面弯曲的允许偏差　（mm）

项目	允许偏差	图例
主体结构的整体垂直度	$H/1000$，且不应大于25.0	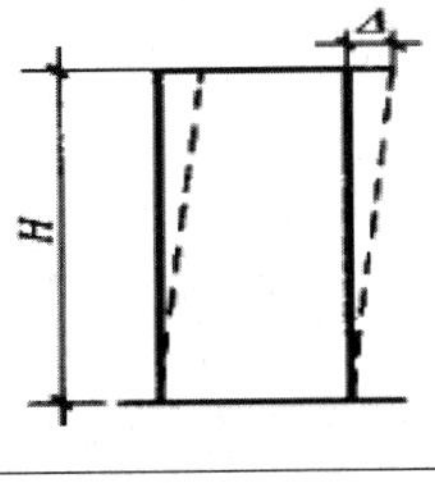
主体结构的整体平面弯曲	$L/1500$，且不应大于25.0	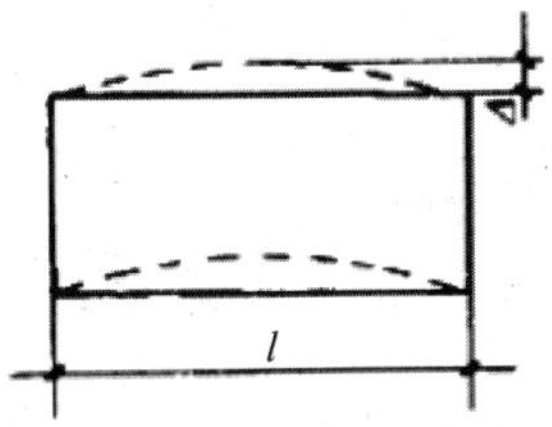

10.3.5　钢柱等主要构件的中心线及标高基准点等标记应齐全。

检查数量：按同类构件数抽查10%，且不应少于3件。

检验方法：观察检查。

10.3.6 当钢桁架（或梁）安装在混凝土柱上时，其支座中心对定位轴线的偏差不应大于10mm；当采用大型混凝土屋面板时，钢桁架（或梁）间距的偏差不应大于10mm。

检查数量：按同类构件数抽查10%，且不应少于3榀。

检验方法：用拉线和钢尺现场实测。

10.3.7 钢柱安装的允许偏差应符合本规范附录E中表E.0.1的规定。

检查数量：按钢柱数抽查10%，且不应少于3件。

检验方法：见本规范附录E中表E.0.1。

10.3.8 钢吊车梁或直接承受动力荷载的类似构件，其安装的允许偏差应符合本规范附录E中表E.0.2的规定。

检查数量：按钢吊车梁数抽查10%，且不应少于3榀。

检验方法：见本规范附录E中表E.0.2。

10.3.9 檩条、墙架等次要构件安装的允许偏差应符合本规范附录E中表E.0.3的规定。

检查数量：按同类构件数抽查10%，且不应少于3件。

检验方法：见本规范附录E中表E.0.3。

10.3.10 钢平台、钢梯、栏杆安装应符合现行国家标准《固定式钢直梯》GB 4053.1、《固定式钢斜梯》GB 4053.2、《固定式防护栏杆》GB 4053.3和《固定式钢平台》GB 4053.4的规定。钢平台、钢梯和防护栏杆安装的允许偏差应符合本规范附录E中表E.0.4的规定。

检查数量：按钢平台总数抽查10%，栏杆、钢梯按总长度各抽查10%，但钢平台不应少于1个，栏杆不应少于5m，钢梯不应少于1跑。

检验方法：见本规范附录E中表E.0.4。

10.3.11 现场焊缝组对间隙的允许偏差应符合表10.3.11的规定。

检查数量：按同类节点数抽查10%，且不应少于3个。

检验方法：尺量检查。

表10.3.11 现场焊缝组对间隙的允许偏差 (mm)

项目	允许偏差
无垫板间隙	+3.0 0.0
有垫板间隙	+3.0 −2.0

10.3.12 钢结构表面应干净，结构主要表面不应有疤痕、泥沙等污垢。

检查数量：按同类构件数抽查10%，且不应少于3件。

检验方法：观察检查。

4. 预防措施

(1) 钢结构安装前，应认真分析工程的结构特性，进行必要的结构稳定性验算。针对下列各种情况更应注重安装阶段的结构稳定性验算。

①大悬挑结构。②大跨度空间结构。③高耸结构。④大型结构物整体提升、滑移等。⑤细长易变形构件或单元结构。⑥结构附着起重设备。⑦结构安装阶段适逢大风、台风季节等。

（2）钢结构施工安装前，应根据结构稳定性验算结构和要求编制合理的施工方案，并明确需采取的必要且结构稳定的加固措施。

（3）钢结构安装必须按已经审批的施工方案进行施工。

（4）有稳定加固措施的结构或构件的安装，在加固措施没有安装固定前，起吊的构件不等随意脱钩；结构未形成稳定的空间体系，并未最终固定前，不得拆除加固措施。

（5）结构或构件校正时，不得随意松动或拆除已安装临时固定的构件或节点，不得受外力影响。

（6）已安装的构件，没有经过验算和征得设计同意，不得随意在结构上挂吊绳、牵引绳或作锚定点，以防手拉（压）力导致构件变形或失稳。

5. 工程实例图片

图 6-14　钢结构安装作业

第7章　屋面工程

1. 问题现象

（1）找坡不准、排水不畅：找平层施工后，起砂、裂缝、坡度差，找坡不顺畅。

（2）防水（屋面渗漏）：屋面积水、渗漏。

（3）防水卷材在屋面及屋面转角、立面接缝处粘结不牢：屋面卷材在屋面及屋面转角、立面处的搭接发生粘结不牢、张口以及开缝等缺陷。

2. 原因分析

（1）技术交底工作不到位，现场施工工艺偏差较大。

（2）材料质量不过关。

（3）施工人员技术水平限制，重点部位认识不够。

（4）成品保护意识淡薄。

3. 相关规范和标准要求

《屋面工程施工质量验收规范》的相关要求如下：

4.1.1　本节适用于防水层基层采用水泥砂浆、细石混凝土或沥青砂浆的整体找平层。

4.1.2　找平层的厚度和技术要求应符合表4.1.2的规定。

表4.1.2　找平层的厚度和技术要求

类别	基层种类	厚度（mm）	技术要求
水泥砂浆找平层	整体混凝土	15～20	1：2.5～1：3（水泥：砂）体积比，水泥强度等级不低于32.5级
	整体或板状材料保温层	20～25	
	装配式混凝土板，松散材料保温层	20～30	
细石混凝土找平层	松散材料保温层	30～35	混凝土强度等级不低于C20
沥青砂浆找平层	整体混凝土	15～20	1：8（沥青：砂）质量比
	装配式混凝土板，整体或板状材料保温层	20～25	

4.1.5　基层与凸出屋面结构（女儿墙、山墙、天窗壁、变形缝、烟囱等）的交接处和基层的转角处，找平层均应做成圆弧形，圆弧半径应符合表4.1.5的要求。内部排水的水落口周围，找平层应做成略低的凹坑。

表 4.1.5　转角处圆弧半径

卷材种类	圆弧半径（mm）
沥青防水卷材	100～150
高聚物改性沥青防水卷材	50
合成高分子防水卷材	20

4.3.7　铺贴卷材采用搭接法时，上下层及相邻两幅卷材的搭接缝应错开。各种卷材搭接宽度应符合表 4.3.7 的要求。

表 4.3.7　卷材搭接宽　（mm）

卷材种类	铺贴方法	短边搭接		长边搭接	
		满粘法	空铺、点粘、条粘法	满粘法	空铺、点粘、条粘法
沥青防水卷材		100	150	70	100
高聚物改性沥青防水卷材		80	100	80	100
合成高分子防水卷材	胶粘剂	80	100	80	100
	胶粘带	50	60	50	60
	单缝焊	60，有效焊接宽度不小于 25			
	双缝焊	80，有效焊接宽度 10×2＋空腔宽			

4. 预防措施

（1）根据建筑物的使用功能，在施工中应正确处理分水、排水。平屋面宜由结构找坡，其坡度宜为 3%；当采用材料找坡时，宜为 2%。

（2）天沟、檐沟的纵向坡度不应小于 1%；沟底水落差不得超过 200mm；水落管内径不应小于 75mm；单根水落管的屋面最大汇水面积宜小于 $200m^2$。

（3）屋面找平层施工时，应严格按设计坡度拉线，并在相应位置上设基准点（冲筋）。

（4）屋面找平层施工完成后，对屋面坡度、平整度应及时组织验收。必要时可在雨后检查屋面是否有积水现象。

（5）在防水层施工前，应将屋面垃圾与落叶等杂物清扫平净。

（6）在屋面设置排气孔。

（7）屋面找平层必须做到平整、坚实、光滑，无起砂、起皮及开裂等缺陷。

（8）基层处理剂涂刷均匀，不能漏刷。

（9）防水材料铺贴顺序和粘结宽度、长度符合要求，粘结牢固。

（10）雨水口的位置、标高准确，细部的防水处理按要求进行处理。

（11）防水材料在出屋面管道及墙体收口处的高度、固定方式应符合要求。

（12）基层必须做到平整、坚实、洁净、干燥。

（13）涂刷基层处理剂时，应做到均匀一致，切勿反复涂刷。

（14）屋面转角处应按规定增加卷材附加层，立面处并按要求进行固定。

（15）对于立面铺贴的卷材，应将卷材的收口固定于立墙的凹槽内，并用密封材料嵌实封严。

（16）卷材与卷材之间的搭接缝口，应用密封材料封严，宽度不应小于 10mm。密封材料应在缝口处抹平。

5. 工程实例照片

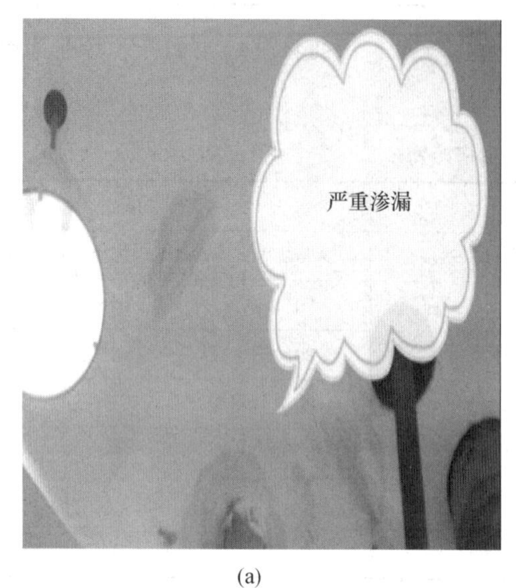

(a)

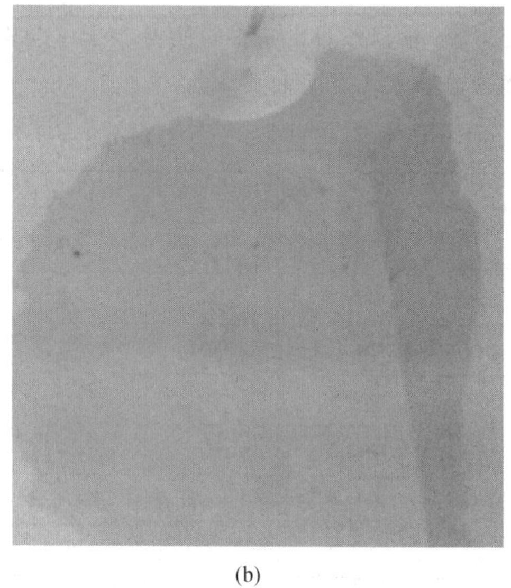

(b)

图 7-1　屋面严重渗漏

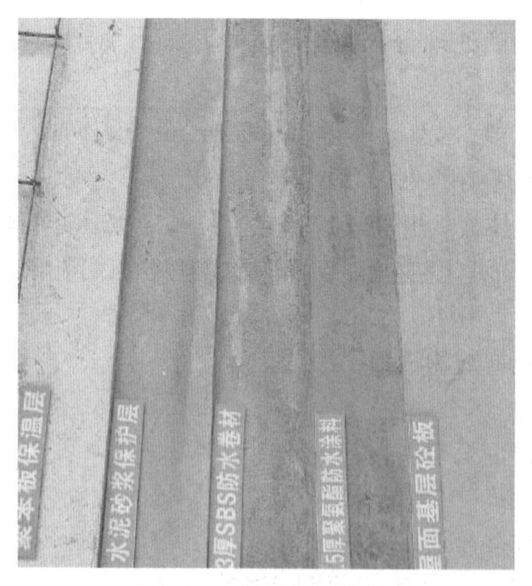

图 7-2　卷材施工规范

图 7-3　屋面没有排气孔

第8章　地下防水工程

8.1　混凝土构件引起的渗漏

1. 问题现象

（1）混凝土蜂窝、麻面、露筋以及孔洞等造成地下室渗水。
（2）混凝土结构的施工缝造成地下室渗水。
（3）混凝土裂缝产生渗漏。
（4）预埋件部位产生渗漏。

2. 原因分析

（1）施工准备工作不充分，技术交底不到位。
（2）施工过程管理不严格，工艺工序检查不及时。
（3）后期养护不到位，发现问题处理不及时。

3. 相关规范和标准要求

《地下防水工程质量验收规范》(GB 50208—2011）的要求如下：

5.1　施工缝

5.1.1　施工缝用止水带、遇水膨胀止水条或止水胶、水泥基渗透结晶型防水涂料和预埋注浆管必须符合设计要求。

检验方法：检查产品合格证、产品性能检测报告和材料进场检验报告。

5.1.2　施工缝防水构造必须符合设计要求。

检验方法：观察检查和检查隐蔽工程验收记录。

5.1.3　墙体水平施工缝应留设在高出底板表面不小于300mm的墙体上。拱、板与墙结合的水平施工缝，宜留在拱、板和墙交接处以下150～300mm处；垂直施工缝应避开地下水和裂隙水较多的地段，并宜与变形缝相结合。

检验方法：观察检查和检查隐蔽工程验收记录。

5.1.4　在施工缝处继续浇筑混凝土时，已浇筑的混凝土抗压强度不应小于1.2MPa。

检验方法：观察检查和检查隐蔽工程验收记录。

5.1.5　水平施工缝浇筑混凝土前，应将其表面浮浆和杂物清除，然后铺设净浆、涂刷混凝土界面处理剂或水泥基渗透结晶型防水涂料，再铺30～50mm厚的1∶1水泥砂浆，并及时浇筑混凝土。

检验方法：观察检查和检查隐蔽工程验收记录。

5.1.6　垂直施工缝浇筑混凝土前，应将其表面清理干净，再涂刷混凝土界面处理剂或水泥基渗透结晶型防水涂料，并及时浇筑混凝土。

检验方法：观察检查和检查隐蔽工程验收记录。

5.1.7 中埋式止水带及外贴式止水带埋设位置应准确，固定应牢靠。

检验方法：观察检查和检查隐蔽工程验收记录。

5.1.8 遇水膨胀止水带应具有缓膨胀性能；止水条与施工缝基面应密贴，中间不得有空鼓、脱离等现象；止水条应牢固地安装在缝表面或预埋凹槽内；止水条采用搭接连接时，搭接宽度不得小于30mm。

检验方法：观察检查和检查隐蔽工程验收记录。

5.1.9 遇水膨胀止水胶应采用专用注胶器挤出粘结在施工缝表面，并做到连续、均匀、饱满、无气泡和孔洞，挤出宽度及厚度应符合设计要求；止水胶挤出成型后，固化期内应采取临时保护措施；止水胶固化前不得浇筑混凝土。

检验方法：观察检查和检查隐蔽工程验收记录。

5.1.10 预埋式注浆管应设置在施工缝断面中部，注浆管与施工缝基面应密贴并固定牢靠，固定间距宜为200～300mm；注浆导管与注浆管的连接应牢固、严密，导管埋入混凝土内的部分应与结构钢筋绑扎牢固，导管的末端应临时封堵严密。

检验方法：观察检查和检查隐蔽工程验收记录。

5.2 变形缝

5.2.1 变形缝用止水带、填缝材料和密封材料必须符合设计要求。

检验方法：检查产品合格证、产品性能检测报告和材料进场检验报告。

5.2.2 变形缝防水构造必须符合设计要求。

检验方法：观察检查和检查隐蔽工程验收记录。

5.2.3 中埋式止水带埋设位置应准确，其中间空心圆环与变形缝的中心线应重合。

检验方法：观察检查和检查隐蔽工程验收记录。

5.2.4 中埋式止水带的接缝应设在边墙较高位置上，不得设在结构转角处；接头宜采用热压焊接，接缝应平整、牢固，不得有裂口和脱胶现象。

检验方法：观察检查和检查隐蔽工程验收记录。

5.2.5 中埋式止水带在转角处应做成圆弧形；顶板、底板内止水带应安装成盆状，并宜采用专用钢筋套或扁钢固定。

检验方法：观察检查和检查隐蔽工程验收记录。

5.2.6 外贴式止水带在变形缝与施工缝相交部位宜采用十字配件；外贴式止水带在变形缝转角部位宜采用直角配件。止水带埋设位置应准确，固定应牢靠，并与固定止水带的基层密贴，不得出现空鼓、翘边等现象。

检验方法：观察检查和检查隐蔽工程验收记录。

5.2.7 安设于结构内侧的可卸式止水带所需配件应一次配齐，转角处应做成45°坡角，并增加紧固件的数量。

检验方法：观察检查和检查隐蔽工程验收记录。

5.2.8 嵌填密封材料的缝内两侧基面应平整、洁净、干燥，并应涂刷基层处理剂；嵌缝底部应设置背衬材料；密封材料嵌填应严密、连续、饱满，粘结牢固。

检验方法：观察检查和检查隐蔽工程验收记录。

5.2.9　变形缝处表面粘贴卷材及涂刷涂料前，应在缝上设置隔离层和加强层。

检验方法：观察检查和检查隐蔽工程验收记录。

5.3　后浇带

5.3.1　后浇带用遇水膨胀止水条或止水胶、预埋注浆管、外贴式止水带必须符合设计要求。

检验方法：检查产品合格证、产品性能检测报告和材料进场检验报告。

5.3.2　补偿收缩混凝土的原材料及配合比必须符合设计要求。

检验方法：检查产品合格证、产品性能检测报告、计量措施和材料进场检验报告。

5.3.3　后浇带防水构造必须符合设计要求。

检验方法：观察检查和检查隐蔽工程验收记录。

5.3.4　采用掺膨胀剂的补偿收缩混凝土，其抗压强度、抗渗性能和限制膨胀率必须符合设计要求。

检验方法：检查混凝土抗压强度、抗渗性能和水中养护14d后的限制膨胀率检测报告。

5.3.5　补偿收缩混凝土浇筑前，后浇带部位和外贴式止水带应采取保护措施。

检验方法：观察检查。

5.3.6　后浇带两侧的接缝表面应先清理干净，再涂刷混凝土界面处理剂或水泥基渗透结晶型防水涂料；后浇混凝土的浇筑时间应符合设计要求。

检验方法：观察检查和检查隐蔽工程验收记录。

5.3.7　遇水膨胀止水条的施工应符合本规范第5.1.8条的规定；遇水膨胀止水胶的施工应符合本规范第5.1.9条的规定；预埋注浆管的施工应符合本规范第5.1.10条的规定；外贴式止水带的施工应符合本规范第5.2.6条的规定。

检验方法：观察检查和检查隐蔽工程验收记录。

5.3.8　后浇带混凝土应一次浇筑，不得留施工缝；混凝土浇筑后应及时养护，养护时间不得少于28d。

检验方法：观察检查和检查隐蔽工程验收记录。

5.4　穿墙管

5.4.1　穿墙管用遇水膨胀止水条和密封材料必须符合设计要求。

检验方法：检查产品合格证、产品性能检测报告和材料进场检验报告。

5.4.2　穿墙管防水构造必须符合设计要求。

检验方法：观察检查和检查隐蔽工程验收记录。

5.4.3　固定式穿墙管应加焊止水环或环绕遇水膨胀止水圈，并作好防腐处理；穿墙管应在主体结构迎水面预留凹槽，槽内应用密封材料嵌填密实。

检验方法：观察检查和检查隐蔽工程验收记录。

5.4.4　套管式穿墙管的套管与止水环及翼环应连续满焊，并作好防腐处理；套管内表面应清理干净，穿墙管与套管之间应用密封材料和橡胶密封圈进行密封处理，并采用法兰盘及螺栓进行固定。

检验方法：观察检查和检查隐蔽工程验收记录。

5.4.5　穿墙盒的封口钢板与混凝土结构墙上预埋的角钢应焊平，并从钢板上的预留浇筑孔注入改性沥青密封材料或细石混凝土，封填后将浇筑孔口用钢板焊接封闭。

检验方法：观察检查和检查隐蔽工程验收记录。

5.4.6 当主体结构迎水面有柔性防水层时，防水层与穿墙管连接处应增设加强层。

检验方法：观察检查和检查隐蔽工程验收记录。

5.4.7 密封材料嵌填应密实、连续、饱满，粘结牢固。检验方法：观察检查和检查隐蔽工程验收记录。

5.5 埋设件

5.5.1 埋设件用密封材料必须符合设计要求。

检验方法：检查产品合格证、产品性能检测报告和材料进场检验报告。

5.5.2 埋设件防水构造必须符合设计要求。

检验方法：观察检查和检查隐蔽工程验收记录。

5.5.3 埋设件应位置准确，固定牢靠；埋设件应进行防腐处理。

检验方法：观察、尺量和手扳检查。

5.5.4 埋设件端部或预留孔、槽底部的混凝土厚度不得少于250mm；当混凝土厚度小于250mm时，应局部加厚或采取其他防水措施。

检验方法：尺量检查和检查隐蔽工程验收记录。

5.5.5 结构迎水面的埋设件周围应预留凹槽，凹槽内应用密封材料嵌填密实。

检验方法：观察检查和检查隐蔽工程验收记录。

5.5.6 用于固定模板的螺栓必须穿过混凝土结构时，可采用工具式螺栓或螺栓加堵头，螺栓上应加焊止水环。拆模后留下的凹槽应用密封材料封堵密实，并用聚合物水泥砂浆抹平。

检验方法：观察检查和检查隐蔽工程验收记录。

5.5.7 预留孔、槽内的防水层应与主体防水层保持连续。

检验方法：观察检查和检查隐蔽工程验收记录。

5.5.8 密封材料嵌填应密实、连续、饱满，粘结牢固。

检验方法：观察检查和检查隐蔽工程验收记录。

5.6 预留通道接头

5.6.1 预留通道接头用中埋式止水带、遇水膨胀止水条或止水胶、预埋注浆管、密封材料和可卸式止水带必须符合设计要求。

检验方法：检查产品合格证、产品性能检测报告和材料进场检验报告。

5.6.2 预留通道接头防水构造必须符合设计要求。

检验方法：观察检查和检查隐蔽工程验收记录。

5.6.3 中埋式止水带埋设位置应准确，其中间空心圆环与变形缝的中心线应重合。

检验方法：观察检查和检查隐蔽工程验收记录。

5.6.4 预留通道先浇筑混凝土结构、中埋式止水带和预埋件应及时保护，预埋件应进行防锈处理。

检验方法：观察检查。

5.6.5 遇水膨胀止水条的施工应符合本规范第5.1.8条的规定；遇水膨胀止水胶的施工应符合本规范第5.1.9条的规定；预埋注浆管的施工应符合本规范第5.1.10条的规定。

检验方法：观察检查和检查隐蔽工程验收记录。

5.6.6 密封材料嵌填应密实、连续、饱满，粘结牢固。

检验方法：观察检查和检查隐蔽工程验收记录。

5.6.7　用膨胀螺栓固定可卸式止水带时，止水带与紧固件压块以及止水带与基面之间应结合紧密。采用金属膨胀螺栓时，应选用不锈钢材料或进行防腐剂锈处理。

检验方法：观察检查和检查隐蔽工程验收记录。

5.6.8　预留通道接头外部应设保护墙。

检验方法：观察检查和检查隐蔽工程验收记录。

5.7　桩头

5.7.1　桩头用聚合物水泥防水砂浆、水泥基渗透结晶型防水涂料、遇水膨胀止水条或止水胶和密封材料必须符合设计要求。

检验方法：检查产品合格证、产品性能检测报告和材料进场检验报告。

5.7.2　桩头防水构造必须符合设计要求。

检验方法：观察检查和检查隐蔽工程验收记录。

5.7.3　桩头混凝土应密实，如发现渗漏水应及时采取封堵措施。

检验方法：观察检查和检查隐蔽工程验收记录。

5.7.4　桩头顶面和侧面裸露处应涂刷水泥基渗透结晶型防水涂料，并延伸至结构底板垫层150mm处；桩头周围300mm范围内应抹聚合物水泥防水砂浆过渡层。

检验方法：观察检查和检查隐蔽工程验收记录。

5.7.5　结构底板防水层应做在聚合物水泥防水砂浆过渡层上并延伸至桩头侧壁，其与桩头侧壁接缝处应采用密封材料嵌填。

检验方法：观察检查和检查隐蔽工程验收记录。

5.7.6　桩头的受力钢筋根部应采用遇水膨胀止水条或止水胶，并应采取保护措施。

检验方法：观察检查和检查隐蔽工程验收记录。

5.7.7　遇水膨胀止水条的施工应符合本规范第5.1.8条的规定；遇水膨胀止水胶的施工应符合本规范第5.1.9条的规定。

检验方法：观察检查和检查隐蔽工程验收记录。

5.7.8　密封材料嵌填应密实、连续、饱满，粘结牢固。

检验方法：观察检查和检查隐蔽工程验收记录。

5.8　孔口

5.8.1　孔口用防水卷材、防水涂料和密封材料必须符合设计要求。

检验方法：检查产品合格证、产品性能检测报告和材料进场检验报告。

5.8.2　孔口防水构造必须符合设计要求。

检验方法：观察检查和检查隐蔽工程验收记录。

5.8.3　人员出入口应高出地面不应小于500mm；汽车出入口设置明沟排水时，其高出地面宜为150mm，并应采取防雨措施。

检验方法：观察和尺量检查。

5.5.4　窗井的底部在最高地下水位以上时，窗井的墙体和底板应做防水处理，并宜与主体结构断开。窗井下部的墙体和底板应做防水处理。

检验方法：观察检查和检查隐蔽工程验收记录。

5.8.5　窗井或窗井的一部分地最高地下水位以下时，窗井应与主体结构连成整体，其防水层也应连成整体，并应在窗井内设置集水井。窗台下部的墙体和底板应做防水层。

检验方法：观察检查和检查隐蔽工程验收记录。

5.8.6　窗井内的底板应低于窗下缘300mm。窗井墙高出室外地面不得小于500mm；窗井外地面应做散水，散水与墙面间应采用密封材料嵌填。

检验方法：观察检查和检查隐蔽工程验收记录。

5.8.7　密封材料嵌填应密实、连续、饱满，粘结牢固。

检验方法：观察检查和检查隐蔽工程验收记录。

5.9　坑、池

5.9.1　坑、池防水混凝土的原材料、配合比及坍落度必须符合设计要求。

检验方法：检查产品合格证、产品性能检测报告、计量措施和材料进场检验报告。

5.9.2　坑、池防水构造必须符合设计要求。

检验方法：观察检查和检查隐蔽工程验收记录。

5.9.3　坑、池、储水库内部防水层完成后，应进行蓄水试验。

检验方法：观察检查和检查蓄水试验记录。

5.9.4　坑、池、储水库宜采用防水混凝土整体浇筑，混凝土表面应坚实、平整，不得有露筋、蜂窝和裂缝等缺陷。

检验方法：观察检查和检查隐蔽工程验收记录。

5.9.5　坑、池底板的混凝土厚度不应少于250mm；当底板的厚度小于250mm时，应采取局部加厚措施，并应使防水层保持连续。

检验方法：观察检查和检查隐蔽工程验收记录。

5.9.6　坑、池施工完后，应及时遮盖和防止杂物堵塞。

检验方法：观察检查。

4. 预防措施

（1）对混凝土应严格计量，搅拌均匀，长距离运输后要进行二次搅拌。

（2）对于自由入模高度过高者，应使用串桶滑槽，浇筑应按施工方案分层进行，振捣密实。

（3）对于钢筋密集处，可调整石子级配，较大的预留洞下，应预留浇筑口。

（4）模板应支设牢固，在混凝土浇筑过程中，应指派专人值班“看模”。

（5）施工缝应按规定位置留设，防水薄弱部位及底板上不应留设施工缝，墙板上如必须留设垂直施工缝时，应与变形缝相一致。

（6）施工缝的留设、清理及新旧混凝土的接浆等应有统一部署，由专人认真细致地做好。

（7）设计人员在确定钢筋布置位置和墙体厚度时，应考虑方便施工，以保证工程质量。

（8）发现施工缝渗水，可采用防水堵漏技术进行修补。

（9）防水混凝土所用水泥必须经过检测，杜绝使用安定性不合格的产品，混凝土配合比由试验室提供，并严格控制水泥用量。

（10）对于地下室底板等厚大体积的混凝土，应遵守大体积混凝土施工的有关规定，严格控制温度差。

（11）设计时应综合考虑诸多不利因素，使结构具有足够的安全度，并合理设置变形缝，以适应结构变形。

（12）预埋件应有固定措施，预埋件密集处应有施工技术措施，预埋件铁脚应按规定焊好止水环。

（13）地下室的管线应尽量设计在地下水位以上，穿墙管道一律设置止水套管，管带与套管采用柔性连接。

5. 工程实例照片

图 8-1　地下室墙、地面出现严重渗漏

8.2　防水工程引起的渗漏

1. 问题现象

地下室底板、地下室外墙由于防水工程设计不当或质量问题出现渗漏。

2. 原因分析

（1）图纸设计存在缺陷或漏项。
（2）施工过程管理不到位，施工工艺不良，作业人员责任心不强。
（3）防水试验未跟进，质量检查与管控流于形式。

3. 相关规范和标准要求

《地下防水工程质量验收规范》（GB 50208—2011）的要求如下：

3.0.1　地下工程的防水等级标准应符合表 3.0.1 的规定。

表 3.0.1　地下工程防水等级标准

防水等级	防水标准
1 级	不允许渗水，结构表面无湿渍
2 级	不允许漏水，结构表面可有少量湿渍 房屋建筑地下工程：总湿渍面积不大于总防水面积（包括顶板、墙面、地面）的 1‰；任意 100m² 防水面积上的湿渍不超过 2 处，单个湿渍的最大面积不大于 0.1m² 其他地下工程：湿渍总面积不应大于总防水面积的 2‰；任意 100m² 防水面积上的湿渍不超过 3 处，单个湿渍的最大面积不大于 0.2m²；其中，隧道工程平均渗水量不大于 0.05L/（m²·d）任意 100m² 防水面积上的渗水量不大于 0.15L/（m²·d）

续表

防水等级	防水标准
3 级	有少量漏水点，不得有线流和漏泥砂 任意 $100m^2$ 防水面积上的漏水或湿渍点数不超过 7 处，单个漏水点的最大漏水量不大于 2.5L/d，单个湿渍的最大面积不大于 $0.3m^3$
4 级	有漏水点，不得有线流和漏泥砂； 整个工程平均漏水量不大于 2L/（m^2·d），任意 $100m^2$ 防水面积上的平均漏水量不大于 4L/（m^2·d）

3.0.2 明挖法和暗挖法地下工程的防水设防应按表 3.0-1 和表 3.0-2 选用。

表 3.0-1 明挖法地下工程防水设防

<table>
<tr><td colspan="2">工程部位</td><td colspan="7">主体结构</td><td colspan="7">施工缝</td><td colspan="4">后浇带</td><td colspan="6">变形缝、诱导缝</td></tr>
<tr><td colspan="2">防水措施</td><td>防水混凝土</td><td>防水卷材</td><td>防水涂料</td><td>塑料防水板</td><td>膨润土防水材料</td><td>防水砂浆</td><td>金属板</td><td>遇水膨胀止水条或止水带</td><td>外贴式止水带</td><td>中埋式止水带</td><td>外抹防水砂浆</td><td>外涂防水涂料</td><td>水泥基渗透结晶型防水涂料</td><td>预埋注浆管</td><td>补偿收缩混凝土</td><td>外贴式止水带</td><td>预埋注浆管</td><td>遇水膨胀止水条</td><td>中埋式止水带</td><td>外贴式止水带</td><td>可卸式止水带</td><td>防水密封材料</td><td>外贴防水卷材</td><td>外涂防水涂料</td></tr>
<tr><td rowspan="4">防水等级</td><td>一级</td><td rowspan="3">应选</td><td colspan="6">应选一至二种</td><td colspan="7">应选二种</td><td rowspan="4">应选</td><td colspan="3">应选二种</td><td rowspan="4">应选</td><td colspan="5">应选二种</td></tr>
<tr><td>二级</td><td colspan="6">应选一种</td><td colspan="7">应选一至二种</td><td colspan="3">应选一至二种</td><td colspan="5">应选一至二种</td></tr>
<tr><td>三级</td><td colspan="6">宜选一种</td><td colspan="7">宜选一至二种</td><td colspan="3">宜选一至二种</td><td colspan="5">宜选一至二种</td></tr>
<tr><td>四级</td><td>直选</td><td colspan="6">—</td><td colspan="7">宜选一种</td><td colspan="3">宜选一种</td><td colspan="5">宜选一种</td></tr>
</table>

表 3.0-2 暗挖法地下工程防水设防

<table>
<tr><td colspan="2">工程部位</td><td colspan="7">衬砌结构</td><td colspan="6">内衬砌施工缝</td><td colspan="4">内衬砌变形缝、诱导缝</td></tr>
<tr><td colspan="2">防水措施</td><td>防水混凝土</td><td>防水卷材</td><td>防水涂料</td><td>塑料防水板</td><td>膨润土防水材料</td><td>防水砂浆</td><td>金属板</td><td>遇水膨胀止水条或止水带</td><td>外贴式止水带</td><td>中埋式止水带</td><td>防水密封材料</td><td>水泥基渗透结晶型防水涂料</td><td>预埋注浆管</td><td>中埋式止水带</td><td>外贴式止水带</td><td>可卸式止水带</td><td>防水密封材料</td></tr>
<tr><td rowspan="4">防水等级</td><td>1 级</td><td>必选</td><td colspan="6">应选一至二种</td><td colspan="6">应选一至二种</td><td rowspan="4">应选</td><td colspan="3">应选一至二种</td></tr>
<tr><td>2 级</td><td>必选</td><td colspan="6">应选一种</td><td colspan="6">应选一种</td><td colspan="3">应选一种</td></tr>
<tr><td>3 级</td><td>必选</td><td colspan="6">宜选一种</td><td colspan="6">宜选一种</td><td colspan="3">宜选一种</td></tr>
<tr><td>4 级</td><td>必选</td><td colspan="6">宜选一种</td><td colspan="6">宜选一种</td><td colspan="3">宜选一种</td></tr>
</table>

3.0.3 地下防水工程必须由持有资质等级证书的防水专业队伍进行施工，主要施工人员应持有省级及以上建设行政主管部门或其指定单位颁发的执业资格证书或防水专业岗位

证书。

3.0.4　地下防水工程施工前，应通过图纸会审，掌握结构主体及细部构造的防水要求，施工单位应编制防水工程专项施工方案，经监理单位或建设单位审查批准后执行。

3.0.5　地下防水工程所使用防水材料的品种、规格、性能等必须符合现行国家或行业产品标准和设计要求。

3.0.6　防水材料必须经具备相应资质的检测单位进行抽样检验，并出具产品性能检测报告。

3.0.7　防水材料的进场验收应符合下列规定：

1. 对材料的外观、品种、规格、包装、尺寸和数量等进行检查验收，并经监理单位或建设单位代表检查确认，形成相应验收记录。

2. 对材料的质量证明文件进行检查，并经监理单位或建设单位代表检查确认，纳入工程技术档案。

3. 材料进场后应按本规范附录A和附录B的规定抽样检验，检验应执行见证取样送检制度，并出具材料进场检验报告。

4. 材料的物理性能检验项目全部指标达到标准规定时，即为合格；若有一项指标不符合标准规定，应在受检产品中重新取样进行该项指标复验，复验结果符合标准规定，则判定该批材料为合格。

3.0.8　地下工程使用的防水材料及其配套材料，应符合现行行业标准《建筑防水涂料中有害物质限量》JC 1066的规定，不得对周围环境造成污染。

3.0.9　地下防水工程的施工，应建立各道工序的自检、交接检和专职人员检查的制度，并有完整的检查记录。工程隐蔽前，应由施工单位通知有关单位进行验收，并形成隐蔽工程验收记录；未经监理单位或建设单位代表对上道工序的检查确认，不得进行下道工序的施工。

3.0.10　地下防水工程施工期间，必须保持地下水位稳定在工程底部最低高程0.5m以下，必要时应采取降水措施。对采用明沟排水的基坑，应保持基坑干燥。

3.0.11　地下防水工程不得在雨天、雪天和五级风及其以上时施工；防水材料施工环境气温条件宜符合表3.0.11的规定。

表3.0.11　防水材料施工环境气温条件

防水材料	施工环境气温条件
高聚物改性沥青防水卷材	冷粘法、自粘法不低于5℃，热熔法不低于－10℃
合成高分子防水卷材	冷粘法、自粘法不低于5℃，焊接法不低于－10℃
有机防水涂料	溶剂型－5～35℃，反应型、溶乳型5～35℃
无机防水涂料	5～35℃
防水混凝土、防水砂浆	5～35℃
膨润土防水涂料	不低于－20℃

3.0.12　地下防水工程是一个子分部工程，其分项工程的划分应符合表3.0.12的要求。

表 3.0.12　地下防水工程的分部工程

子分部工程		分项工程
地下防水工程	主体结构防水	防水混凝土、水泥砂浆防水层、卷材防水层、涂料防水层、塑料防水板防水层、金属板防水层、膨润土防水材料防水层
	细部构造防水	施工缝、变形缝、后浇带、穿墙管、埋设件、预留通道接头、桩头、孔口、坑、池
	特殊施工法结构防水	锚喷支护、地下连续墙、盾构隧道、沉井、逆筑结构
	排水	渗排水、盲沟排水，隧道、坑道排水、坑道排水、塑料排水板排水
	注浆	预注浆、后注浆、结构裂缝注浆

3.0.13　地下防水工程的分项工程检验批和抽样检验数量应符合下列规定：

1. 主体结构防水工程和细部构造防水工程应按结构层、变形缝或后浇带等施工段划分检验批；

2. 特殊施工法结构防水工程应按隧道区间、变形缝等施工段划分检验批；

3. 排水工程和注浆工程应各为一个检验批；

4. 各检验批的抽样检验数量：细部构造应为全数检查，其他均应符合本规范的规定。

3.0.14　地下工程应按设计的防水等级标准进行验收。地下工程渗漏水调查与检测应按本规范附录 C 执行。

4.1.17　防水混凝土结构表面应坚实、平整，不得有露筋、蜂窝等缺陷；埋设件位置应准确。

检验方法：观察检查。

4.1.18　防水混凝土结构表面的裂缝宽度不应大于 0.2mm，且不得贯通。

检验方法：用刻度放大镜检查。

4.1.19　防水混凝土结构厚度不应小于 250mm，其允许偏差应为＋8mm、－5mm；主体结构迎水面钢筋保护层厚度不应小于 50mm，其允许偏差为±5mm。

检验方法：尺量检查和检查隐蔽工程验收记录。

4.2　水泥砂浆防水层

4.2.1　水泥砂浆防水层适用于地下工程主体结构的迎水面或背水面。不适用于受持续振动或环境温度高于 80℃的地下工程。

4.2.2　水泥砂浆防水层应采用聚合物水泥防水砂浆；掺外加剂或掺和料的防水砂浆。

4.2.3　水泥砂浆防水层所用的材料应符合下列规定：

1. 水泥应使用普通硅酸盐水泥、硅酸盐水泥或特种水泥，不得使用过期或受潮结块的水泥；

2. 砂宜采用中砂，含泥量不应大于 1%，硫化物和硫酸盐含量不得大于 1%；

3. 用于拌制水泥砂浆的水应采用不含有害物质的洁净水；

4. 聚合物乳液的外观为均匀液体，无杂质、无沉淀、不分层。

5. 外加剂的技术性能应符合国家或行业有关标准的质量要求。

4.2.4　水泥砂浆防水层的基层质量应符合下列规定：

1. 基层表面应平整、坚实、清洁，并应充分湿润，无明水。

2. 基层表面的孔洞、缝隙应采用与防水层相同的水泥砂浆填塞并抹平。

3. 施工前应将埋设件、穿墙管预留凹槽内嵌填密封材料后，再进行水泥砂浆防水层施工。

4.2.5 水泥砂浆防水层施工应符合下列规定：

1. 水泥砂浆的配制、应按所掺材料的技术要求准确计量。

2. 分层铺抹或喷涂，铺抹时应压实、抹平，最后一层表面应提浆压光。

3. 防水层各层应紧密黏合，每层宜连续施工。必须留设施工缝时，应采用阶梯坡形槎，但与阴阳角的距离不得小于200mm。

4. 水泥砂浆终凝后应及时进行养护，养护温度不宜低于5℃，并应保持砂浆表面湿润，养护时间不得少于14d。聚合物水泥防水砂浆未达到硬化状态时，不得浇水养护或直接受雨水冲刷，硬化后应采用干湿交替的养护方法。潮湿环境中，可在自然条件下养护。

4.2.6 水泥砂浆防水层分项工程检验批的抽样检验数量，应按施工面积每100m^{2}抽查1处，每处10m^2，且不得少于3处。

4.2.7 防水砂浆的原材料及配合比必须符合设计规定。

检验方法：检查产品合格证、产品性能检测报告、计量措施和材料进场检验报告。

4.2.8 防水砂浆的粘结强度和抗渗性能必须符合设计规定。

检验方法：检查砂浆粘结强度、抗渗性能检测报告。

4.2.9 水泥砂浆防水层与基层之间应结合牢固，无空鼓现象。

检验方法：观察和用小锤轻击检查。

4.2.10 水泥砂浆防水层表面应密实、平整，不得有裂纹、起砂、麻面等缺陷。

检验方法：观察检查。

4.2.11 水泥砂浆防水层施工缝留槎位置应正确，接槎应按层次顺序操作，层层搭接紧密。

检验方法：观察检查和检查隐蔽工程验收记录。

4.2.12 水泥砂浆防水层的平均厚度应符合设计要求，最小厚度不得小于设计值的85%。

检验方法：用针测法检查。

4.2.13 水泥砂浆防水层表面平整度的允许偏差应为5mm。

检查方法：用2m靠尺和楔形塞尺检查。

4.3 卷材防水层

4.3.1 卷材防水层适用于受侵蚀性介质作用或受振动作用的地下工程；卷材防水层应铺设在主体结构的迎水面。

4.3.2 卷材防水层应采用高聚物改性沥青防水卷材和合成高分子防水卷材。所选用的基层处理剂、胶粘剂、密封材料等均应与铺贴的卷材相匹配。

4.3.3 在进场材料检验的同时，防水卷材接缝粘结质量检验应按本规范附录D执行。

4.3.4 铺贴防水卷材前，清扫应干净、干燥，并应涂刷基层处理剂；当基面潮湿时，应涂刷湿固化型胶粘剂或潮湿界面隔离剂。

4.3.5 基层阴阳角应做成圆弧或450坡角，其尺寸应根据卷材品种确定；在转角处、变形缝、施工缝，穿墙管等部位应铺贴卷材加强层，加强层宽度不应小于500mm。

4.3.6　防水卷材的搭接宽度应符合表4.3.6的要求。铺贴双层卷材时，上下两层和相邻两幅卷材的接缝应错开1/3～1/2幅宽，且两层卷材不得相互垂直铺贴。

表4.3.6　防水卷材的搭接宽度

卷材品种	搭接宽度（mm）
弹性体改性沥青防水卷材	100
改性沥青聚乙烯胎防水卷材	100
自粘聚合物改性沥青防水卷材	80
三元乙丙橡胶防水卷材	100/60（胶粘剂/胶结带）
聚氯乙烯防水卷材	60/80（单面焊/双面焊）
	100（胶结剂）
聚乙烯丙纶复合防水卷材	100（粘结料）
高分子自粘胶膜防水卷材	70/80（自粘胶/胶结带）

4.3.7　冷粘法铺贴卷材应符合下列规定：

1. 胶粘剂涂刷应均匀，不得露底，不堆积；
2. 根据胶粘剂的性能，应控制胶结剂涂刷与卷材铺贴的间隔时间。
3. 铺贴时不得用力拉伸卷材，排除卷材下面的空气，辊压粘结牢固；
4. 铺贴卷材应平整、顺直，搭接尺寸准确，不得有扭曲、皱折；
5. 卷材接缝部位应采用专用粘结剂或胶结带满粘，接缝口应用密封材料封严，其宽度不应小于10mm。

4.3.8　热熔法铺贴卷材应符合下列规定：

1. 火焰加热器加热卷材应均匀，不得加热不足或烧穿卷材；
2. 卷材表面热熔后应立即滚铺，排除卷材下面的空气，并粘结牢固；
3. 铺贴卷材应平整、顺直，搭接尺寸准确，不得有扭曲、皱折；
4. 卷材接缝部位应溢出热熔的改性沥青胶料，并粘结牢固，封闭严密。

4.3.9　自粘法铺贴卷材应符合下列规定：

1. 铺贴卷材时，应将有粘性的一面朝向主体结构；
2. 外墙、顶板铺贴时，排除卷材下面的空气，并粘结牢固；
3. 铺贴卷材应平整、顺直，搭接尺寸准确，不得有扭曲、皱折；
4. 立面卷材铺贴完成后，应将卷材端头固定，并应用密封材料封严；
5. 低温施工时，宜对卷材和基面采用热风适当加热，然后铺贴卷材。

4.3.10　卷材接缝采用焊接法施工应符合下列规定：

1. 焊接前卷材应铺放平整，搭接尺寸准确，焊接缝的结合面应清扫干净；
2. 焊接前应先焊长边搭接缝，后焊短边搭接缝；
3. 控制热风加热温度和时间，焊接处不得漏焊、跳焊或焊接不牢；
4. 焊接时不得损害非焊接部位的卷材。

4.3.11　铺贴聚乙烯丙纶复合防水卷材应符合下列规定：

1. 应采用配套的聚合物水泥防水粘结材料；
2. 卷材与基层粘贴应采用满粘法，粘结面积不应小于90%，刮涂粘结料应均匀，不得露底、堆积、流淌；

3. 固化后的粘结料厚度不应小于1.3mm；

4. 卷材接缝部位应挤出粘结料，接缝表面处应刮1.3mm厚50mm宽聚合物水泥粘结料封边；

5. 聚合物水泥粘结料固化前，不得在其上行走或进行后续作业。

4.3.12 高分子自粘胶膜防水卷材宜采用预铺反粘法施工，并应符合下列规定：

1. 卷材宜单层铺设；

2. 在潮湿基面铺设时，基面应平整坚固、无明水；

3. 卷材长边应采用自黏边搭接，短边应采用胶结带搭接，卷材端部搭接区应相互错开。

4. 立面施工时，在自粘边位置距离卷材边缘10～20mm内，每隔400～600mm应进行机械固定，并应保证固定位置被卷材完全覆盖；

5. 浇筑结构混凝土时不得损伤防水层。

4.3.13 卷材防水层完工并经验收合格后应及时做保护层。保护层应符合下列规定：

1. 顶板的细石混凝土保护层与防水层之间宜设置隔离层。细石混凝土保护层厚度：机械回填时不宜小于70mm，人工回填时不宜小于50mm；

2. 底板的细石混凝土保护层厚度不应小于50mm；

3. 侧墙宜采用软质保护材料或铺抹20mm厚1:2.5水泥砂浆。

4.3.14 卷材防水层分项工程检验批的抽检数量，应按铺贴面积每$100m^2$抽查1处，每处$10m^2$，且不得少于3处。

4.3.15 卷材防水层所用卷材及其配套材料必须符合设计要求。

检验方法：检查产品合格证、产品性能检测报告和材料进场检验报告。

4.3.16 卷材防水层在转角处、变形缝、施工缝、穿墙管等部位做法必须符合设计要求。

检验方法：观察检查和检查隐蔽工程验收记录。

4.3.17 卷材防水层的搭接缝应粘贴或焊接牢固，密封严密，不得有扭曲、皱折、翘边和起泡等缺陷。

检验方法：观察检查。

4.3.18 采用外防外贴法铺贴卷材防水层时，立面卷材接槎的搭接宽度，高聚物改性沥青类卷材应为150mm，合成高分子类卷材应为100mm，且上层卷材应盖过下层卷材。

检验方法：观察和尺量检查。

4.3.19 侧墙卷材防水层的保护层与防水层应结合紧密、保护层厚度应符合设计要求。

检验方法：观察和尺量检查。

4.3.20 卷材搭接宽度的允许偏差应为－10mm。

检验方法：观察和尺量检查。

4.4 涂料防水层

4.4.1 涂料防水层适用于受侵蚀性介质作用或受振动作用的地下工程；有机防水涂料宜用于主体结构的迎水面，无机防水涂料宜用于主体结构的迎水面或背水面。

4.4.2 有机防水涂料应采用反应型、水乳型、聚合物水泥等涂料；无机防水涂料应采用掺外加剂、掺合料的水泥基防水涂料或水泥基渗透结晶型防水涂料。

4.4.3　有机防水涂料基面应干燥。当基面较潮湿时，应涂刷湿固化型胶结剂或潮湿界面隔离剂；无机防水涂料施工前，基面应充分润湿，但不得有明水。

4.4.4　涂料防水层的施工应符合下列规定：

1. 多组分涂料应按配合比准确计量，搅拌均匀，并应根据有效时间确定每次配制的用量。

2. 涂料应分层涂刷或喷涂，涂层应均匀，涂刷应待前遍涂层干燥成膜后进行；每遍涂刷时应交替改变涂层的涂刷方向，同层涂膜的先后搭压宽度宜为30～50mm；

3. 涂料防水层的甩槎处接缝宽度不应小于100mm，接涂前应将其甩槎表面处理干净；

4. 采用有机防水涂料时，基层阴阳角处应做成圆弧；在转角处、变形缝、施工缝、穿墙管等部位应增加胎体增强材料和增涂防水涂料，宽度不应小于50mm；

5. 胎体增强材料的搭接宽度不应小于100mm，上下两层和相邻两幅胎体的接缝应错开1/3幅宽，且上下两层胎体不得相互垂直铺贴。

4.4.5　涂料防水层完工并经验收合格后应及时做保护层。保护层应符合下列规定：

1. 顶板的细石混凝土保护层与防水层之间宜设置隔离层。细石混凝土保护层厚度：机械回填时不宜小于70mm，人工回填时不宜小于50mm；

2. 底板的细石混凝土保护层厚度不应小于50mm；

3. 侧墙宜采用软质保护材料或铺抹20mm厚1∶2.5水泥砂浆。

4.4.6　涂料防水层分项工程检验批的抽检数量，应按铺贴面积每100m^{2}抽查1处，每处10m^2，且不得少于3处。

4.4.7　涂料防水层所用的材料及配合比必须符合设计要求。

检验方法：检查产品合格证、产品性能检测报告、计量措施和材料进场检验报告。

4.4.8　涂料防水层的平均厚度应符合设计要求，最小厚度不得低于设计厚度的90%。

检验方法：用针测法检查。

4.4.9　涂料防水层在转角处、变形缝、施工缝、穿墙管等部位做法必须符合设计要求。

检验方法：观察检查和检查隐蔽工程验收记录。

4.4.10　涂料防水层应与基层粘结牢固、涂刷均匀，不得流淌、鼓泡、露槎。

检验方法：观察检查。

4.4.11　涂层间夹铺胎体增强材料时，应使防水涂料浸透胎体覆盖完全，不得有胎体外露现象。

检验方法：观察检查。

4.4.12　侧墙涂料防水层的保护层与防水层应结合紧密，保护层厚度应符合设计要求。

检验方法：观察检查。

4.5　塑料防水板防水层

4.5.1　塑料防水板防水层适用于经常承受水压、侵蚀性介质或有振动作用的地下工程；塑料防水板宜铺设在复合式衬砌的初期支护与二次衬砌之间。

4.5.2　塑料防水板防水层的基面应平整，无尖锐凸出物，基面平整度D/L不应大于1/6。（注：D为初期支护基面相邻两凸面间凹进去的深度；L为初期支护基面相邻两凸面间的距离。）

4.5.3　初期支护的渗漏水，应在塑料防水板防水层铺设前封堵或引排。

4.5.4 塑料板防水板的铺设应符合下列规定：

1. 铺设塑料防水板前应先铺缓冲层，缓冲层应用暗钉圈固定在基面上；缓冲层搭接宽度不应小于50mm；铺设塑料防水板时，应边铺边用压焊机将塑料防水板与暗钉圈焊接；

2. 两幅塑料防水板的搭接宽度不应小于100mm，下部塑料防水板应压住上部塑料防水板。接缝焊接时，塑料防水板的搭接层数不得超过3层；

3. 塑料防水板的搭接缝应采用双焊缝，每条焊缝的有效宽度不应小于10mm；

4. 塑料防水板铺设时宜设置分区预埋注浆系统；

5. 分段设置塑料防水板防水层时，两端应采取封闭措施。

4.5.5 塑料防水板的铺设应超前二次衬砌混凝土施工，超前距离宜为5～20m。

4.5.6 塑料防水板应牢固地固定在基面上，固定点间距应根据基面平整情况确定，拱部宜为0.5～0.8m，边墙宜为1～1.5m，底部宜为1.5～2.0m；局部凹凸较大时，应在凹处加密固定点。

4.5.7 塑料防水板防水层分项工程检验批的抽样检验数量，应按铺设面积每$100m^2$抽查1处，每处$10m^2$，但不得少于3处。焊缝检验应按焊缝条数抽查5%，每条焊缝为1处，但不得少于3处。

4.5.8 塑料防水板及其配套材料必须符合设计要求。

检验方法：检查产品合格证、产品性能检测报告和材料进场检验报告。

4.5.9 塑料防水板的搭接缝必须采用双缝热熔焊接，每条焊缝的有效宽度不应小于10mm。

检验方法：双焊缝间空腔内充气检查和尺量检查。

4.5.10 塑料防水板应采用无钉孔铺设，其固定点的间距应符合本规范第4.5.6条的规定。

检验方法：观察和尺量检查。

4.5.11 塑料防水板与暗钉圈应焊接牢靠，不得漏焊、假焊和焊穿。

检验方法：观察检查。

4.5.12 塑料防水板的铺设应平顺，不得有下垂、绷紧和破损现象。

检验方法：观察检查。

4.5.13 塑料防水板搭接宽度的允许偏差为－10mm。

检验方法：尺量检查。

4.6 金属板防水层

4.6.1 金属防水板适用于抗渗性能要求较高的地下工程，金属板应铺设在主体结构迎水面。

4.6.2 金属板防水层所采用的金属材料和保护材料应符合设计要求。金属板及其焊接材料的规格、外观质量和主要物理性能，应符合国家现行有关标准的规定。

4.6.3 金属板的拼接及金属板与工程结构的锚固件连接应采用焊接。金属板的拼接焊缝应进行外观检查和无损检验。

4.6.4 金属板表面有锈蚀、麻点或划痕等缺陷时，其深度不得大于该板材厚度的负偏差值。

4.6.5 金属板防水层分项工程检验批的抽样检验数量，应按铺设面积每$10m^2$抽查1

处，每处 $1m^2$，且不得少于 3 处。焊缝表面缺陷检验应按焊缝的条数抽查 5%，且不得少于 1 条焊缝；每条焊缝检查 1 处，总抽查数不得少于 10 处。

4.6.6 金属板和焊接材料必须符合设计要求。

检验方法：检查产品合格证、产品性能检测报告和材料进场检验报告。

4.6.7 焊工应持有有效的执业资格证书。

检验方法：检查焊工执业资格证书和考核日期。

4.6.8 金属板表面不得有明显凹面和损伤。

检验方法：观察检查。

4.6.9 焊缝不得有裂纹、未熔合、夹渣、焊瘤、咬边、烧穿、弧坑、针状气孔等缺陷。

检验方法：观察检查和使用放大镜、焊缝量规及钢尺检查，必要时采用渗透或磁粉探伤检查。

4.6.10 焊缝的焊波应均匀，焊渣和飞溅物应清除干净；保护涂层不得有漏涂、脱皮和返锈现象。

检验方法：观察检查。

4.7 膨润土防水材料防水层

4.7.1 膨润土防水材料防水层适用于 pH 为 4～10 的地下环境中；膨润土防水材料防水层应用于复合式衬砌的初期支护与二次衬砌之间以及明挖法地下工程主体结构迎水面，防水层两侧应具有一定的夹持力。

4.7.2 膨润土防水材料中的膨润土颗粒应采用钠基膨润土，不应采用钙基膨润土。

4.7.3 膨润土防水材料防水层基面应坚实、清洁，不得有明水，基面平整度应符合本规范第 4.5.2 条的规定；基层阴阳角应做成圆弧或坡角。

4.7.4 膨润土防水毯的织布面与膨润土防水板的膨润土面，均应与结构外表面密贴。

4.7.5 膨润土防水材料应采用水泥钉和垫片固定；立面和斜面上的固定间距宜为 400～500mm，平面上应在搭接缝处固定。

4.7.6 膨润土防水材料的搭接宽度应大于 100mm；搭接部位的固定间距宜为 200～300mm，固定点与搭接边缘的距离宜为 25～30mm，搭接处应涂抹膨润土密封膏。平面搭接缝处可干撒膨润土颗粒，其用量宜为 0.3～0.5kg/m。

4.7.7 膨润土防水材料的收口部位应采用金属压条与水泥钉固定，并用膨润土密封膏覆盖。

4.7.8 转角处和变形缝、施工缝、后浇带等部位均应设置宽度不小于 500mm 加强层，加强层应设置在防水层与结构外表面之间。穿墙管件宜采用膨润土橡胶止水条、膨润土密封膏进行加强处理。

4.7.9 膨润土防水材料分段铺设时，应采取临时遮挡防护措施。

4.7.10 膨润土防水材料防水层分项工程检验批的抽检数量，应按铺贴面积每 $100m^2$ 抽查 1 处，每处 $10m^2$，且不得少于 3 处。

4.7.11 膨润土防水材料必须符合设计要求。

检验方法：检查产品合格证、产品性能检测报告、计量措施和材料进场检验报告。

4.7.12 膨润土防水材料防水层在转角处和变形缝、施工缝、后浇带、穿墙管等部位做法必须符合设计要求。

检验方法：观察检查和检查隐蔽工程验收记录。

4.7.13　膨润土防水毯的织布面或防水板的膨润土面，应朝向工程主体结构的迎水面。

检验方法：观察检查。

4.7.14　立面或斜面铺设的膨润土防水材料应上层压住下层，防水层与基层、防水层与防水层之间应密贴，并应平整无折皱。

检验方法：观察检查。

4.7.15　膨润土防水材料的搭接和收口部位应符合本规范第4.7.5条、第4.7.6条、第4.7.7条的规定。

检验方法：观察检查。

4.7.16　膨润土防水材料搭接宽度的允许偏差应为－10mm。

检验方法：观察和尺量检查。

4. 预防措施

（1）底板防水设计为：垫层上设两道三元乙丙卷材或采用焊接PVC卷材，再在防水层设置隔离保护层，然后再绑扎钢筋浇筑混凝土地下室底板。施工时应严格按照规范及设计要求对防水卷材的接缝进行处理。

（2）地下室外墙侧壁防水应与底板的防水整体密封连接，外侧墙上部防水应做至±0.00以下位置，或室外散水以下，或室外地坪以上500mm处。

（3）为了方便外墙面的后道工序装饰施工，在室外地坪以上部分不宜采用卷材防水，宜采用聚合物防水材料进行设防。

（4）外墙防水，如在潮湿的环境中，宜采用聚合物——水泥基防水材料类进行防水。在能确保基面干燥的情况下，宜采用非水性防水材料或自粘型的防水卷材进行防水。

（5）刚性防水层施工需注意的问题

① 所采用的砂浆必须严格按配比拌制。

② 基层应仔细抹压密实，使面层坚硬、密实，不得出现龟裂起砂等缺陷。

③ 阴阳角处的防水层，均应抹成圆角，阴角圆弧R＝50mm，阳角圆弧R＝10mm。

④ 加强养护工作，防止早期脱水而影响水泥砂浆的水化反应。

（6）柔性防水层施工应注意的问题

① 找平层要保证表面抹压密实，转角处应做成圆弧形。

② 卷材长短边的搭接长度分别不应小于100mm、150mm，上下两层及相邻卷材的接缝要错开，上下两层不得互相垂直铺贴，转角处和管道处应增设附加层，收头粘结牢固，严禁有皱折、空鼓、起泡、翘边或收头、封门不严等缺陷。

（7）防水保护层

防水工程施工完毕后，回填过程中防水保护层的保护工作也是比较重要的。柔性防水在回填过程中容易被坚硬的回填物划伤和破坏，采用合适的保护材料，比如苯板等质地比较柔软的板材，随施工的进展及时对防水进行保护，既可以保证防水质量又可以提高回填工作的进度。

5. 工程实例照片

图 8-2　地下室外墙、底板卷材防水施工

第 9 章　建筑地面工程

9.1　水泥地面垫层

1. 问题现象

地面垫层起砂、裂缝、平整度差。

2. 原因分析

（1）材料方面：水泥强度等级低或水泥存放过期，影响地面强度及耐磨性能；砂子粒径过细，拌合物的泌水性增加，砂子含泥量超标影响水泥与砂子的粘结；骨料级配不好，使拌合物产生离析等。

（2）拌合物调度（坍落度）过大：拌合物水灰比过大，造成粗骨料沉淀和砂浆泌水；同时，砂浆、混凝土在硬化过程中，多余水分蒸发，形成大量毛细孔，降低了地面的强度。水灰比过大，还会推迟地面压光的时间，成为地面起砂的潜在因素。

3. 相关规范和标准要求

《建筑地面工程施工质量验收规范》(GB 50209—2010）的要求如下：

4.8.1　水泥混凝土垫层铺设在基土上，当气温长期处于 0℃以下，设计无要求时，垫层应设置伸缩缝。

4.8.2　水泥混凝土垫层的厚度不应小于 60mm。

4.8.3　垫层铺设前，其下一层表面应湿润。

4.8.4　室内地面的水泥混凝土垫层，应设置纵向缩缝和横向缩缝；纵向缩缝间距不得大于 6m，横向缩缝不得大于 12m。

4.8.5　垫层的纵向缩缝应做平头缝或加肋板平头缝。当垫层厚度大于 150mm 时，可做企口缝。横向缩缝应做假缝。平头缝和企口缝的缝间不得放置隔离材料，浇筑时应互相紧贴。企口缝的尺寸应符合设计要求，假缝宽度为 5～20mm，深度为垫层厚度的 1/3，缝内填水泥砂浆。

4.8.6　工业厂房、礼堂、门厅等大面积水泥混凝土垫层应分区段浇筑。分区段应结合变形缝位置、不同类型的建筑地面连接处和设备基础的位置进行划分，并应与设置的纵向、横向缩缝的间距相一致。

4.8.7　水泥混凝土施工质量检验尚应符合现行国家标准《混凝土结构工程施工质量验收规范》GB 50204 的有关规定。

Ⅰ主控项目

4.8.8　水泥混凝土垫层采用的粗骨料，其最大粒径不应大于垫层厚度的2/3；含泥量不应大于2%；砂为中粗砂，其含泥量不应大于3%。

检验方法：观察检查和检查材质合格证明文件及检测报告。

4.8.9　混凝土的强度等级应符合设计要求，且不应小于C10。

检验方法：观察检查和检查配合比通知单及检测报告。

4.8.10　水泥混凝土垫层表面的允许偏差应符合本规范表4.1.5的规定。

检验方法：应按本规范表4.1.5中的检验方法检验。

表4.1.5　基层表面的允许偏差和检验方法　(mm)

项次	项目	允许偏差												检验方法
		基土	垫层					找平层			填充层		隔离层	
						毛地板								
		土	砂、砂石、碎石、碎砖	灰土、三合土、炉渣、水泥、混凝土	木搁栅	拼花实木地板、拼花实木复合地板面层	其他种类面层	用沥青玛琋脂做结合层铺设拼花木板、板块面层	用水泥砂浆做结合铺设板块面层	用胶粘剂做结合层铺设拼花木板、塑料板、强化复合地板、竹地板面层	松散材料	板、块材料	防水、防潮、防油渗	
1	表面平整度	15	15	10	3	3	5	3	5	2	7	5	3	用2m靠尺和楔形塞尺检查
2	标高	0 −50	±20	±10	±5	±5	±8	±5	±8	±4	±4		±4	用水准仪检查
3	坡度	不大于房间相应尺寸的2/1000，且不大于30												用坡度尺检查
4	厚度	在个别地方不大于设计厚度的1/10												用钢尺检查

4. 预防措施

(1) 严格控制水灰比。用于地面面层的水泥砂浆的稠度不应大于35mm（以标准圆锥体沉入度计），用混凝土和细石混凝土铺设地面时的坍落度不应大于30mm。垫层事前要充分湿润，水泥浆要涂刷均匀，冲前程间距不宜太大，最好控制在1.2m左右，随铺灰随用短杠刮平。混凝土面层宜用平板振捣器振实，细石混凝土宜用辊子滚压，或用木抹子拍打，使表面泛浆，以保证面层的强度和密实度。

(2) 掌握好面层的压光时间。水泥地面的压光一般不应少于三遍。第一遍应在面层铺设后随即进行。先用木抹子均匀搓打一遍，使面层材料均匀、紧密、抹压平整，以表面不出现水层为宜。第二遍压光应水泥初凝后、终凝前完成（一般以上人时有轻微印但又不明显下陷为宜)，将表面压实、压平整。第三遍压光主要是消除抹痕和闭塞细毛孔，进一步将表面压实、压光滑（时间应掌握在上人不出现脚印或有不明显的脚印为宜)，但切忌在水泥终凝后压光。

(3) 水泥地面压光后，应视气温情况，一般在一昼夜进行洒水养护，或用草帘、锯末覆盖后洒水养护。有条件的可用黄泥或石灰膏在门口做坎后进行蓄水养护。使用普通硅酸盐水泥的水泥地面，连续养护的时间不应少于 7 昼夜；用矿渣硅酸盐水泥的水泥地面，连续养护的时间不应少于 10 昼夜，秋冬季节施工，门窗洞口要封闭好，避免大风使地面水分蒸发过快，地面出现裂缝。

(4) 合理安排施工流向，避免上人过早。水泥地面应尽量安排在墙面、顶棚的粉刷等装饰工程完成后进行，避免对面层产生污染和损坏。如必须安排在其他装饰工程之前施工，应采取有效的保护措施，如铺设芦席、草帘、油毡等，并应确保 7～10 昼夜的养护期。严禁在已做好的水泥地面上拌合砂浆，或倾倒砂浆于水泥地面上。

(5) 在低温条件下抹水泥地面，应防止早期受冻。抹地面前，应将门窗玻璃安装好，或增加供暖设备，以保证施工环境温度在 5℃以上。采用炉火烤火时，应设有烟囱，有组织地向室外排放烟气。温度不宜过高，并应保持室内有一定的湿度。

(6) 水泥宜采用早期强度较高的硅酸盐水泥、普通硅酸盐水泥，强度等级不应低于 32.5 级，安定性要好。过期结块或受潮结块的水泥不得使用。砂子宜采用粗、中砂、含泥量不应大于 3%。用于面层的细石和碎石粒径不应大于 15mm，也不应大于面层厚度的 2/3，含泥量不应大于 2%。

(7) 采用无砂水泥地面，面层拌合物用粒径为 2～5mm 的米石拌制，配合比采用水泥：米石＝1：2（体积比)，稠度亦应控制在 35mm 以内。这种地面压光后，一般不起砂，必要时还可以磨光。

5. 工程实例图片

(a)

(b)

图 9-1　水泥地面出现大量裂缝

图 9-2　水泥地面未压光处理

9.2　地面空鼓

1. 问题现象

地面空鼓多发生于面层和垫层之间，或垫层与基层之间，用小锤敲声。使用一段时间后，容易开裂。严重时大片剥落，破坏地面使用性。

2. 原因分析

（1）垫层（或基层）表面清理不干净，有浮灰、垃圾或其他污物，影响与面层的结合。

（2）水泥砂浆铺设时，垫层（或基层）表面不浇水湿润或浇水不足，过于干燥。铺设后，水泥砂浆中水分很快被垫层（或基层）吸收，造成砂浆水分失去过快，面层与垫层（或基层）粘结不牢。

（3）基层过于潮湿，表面有积水，特别在有积水部位，水泥砂浆的水灰比增大，影响上下层之间的粘结，容易使面层突鼓。

（4）管道沟上表面和门口处砖层过高或砖层湿润不够，使面层砂浆过薄以及干燥过快，也会造成面层开裂、空鼓。

3. 相关规范和标准要求

《建筑地面工程施工质量验收规范》(GB 50209—2010）的相关要求如下：

5.1　一般规定

5.1.1　本章适用于水泥混凝土（含细石混凝土）面层、水泥砂浆面层、水磨石面层、水泥钢、铁屑面层、防油渗面层和不发火（防爆的）面层等面层分项工程的施工质量检验。

5.1.2　铺设整体面层时，其水泥类基层的抗压强度不得小于 1.2MPa；表面应粗糙、洁净、湿润并不得有积水。铺设前宜涂刷界面处理剂。

5.1.3　铺设整体面层，应符合设计要求和本规范第 3.0.13 条的规定。

5.1.4 整体面层施工后，养护时间不应少于7d；抗压强度应达到5MPa后，方准上人行走；抗压强度应达到设计要求后，方可正常使用。

5.1.5 当采用掺有水泥拌合料做踢脚线时，不得用石灰砂浆打底。

5.1.6 整体面层的抹平工作应在水泥初凝前完成，压光工作应在水泥终凝前完成。

5.1.7 整体面层的允许偏差应符合表5.1.7的规定。

表5.1.7 整体面层的允许偏差和检验方法 (mm)

项次	项目	允许偏差						检验方法
		水泥混凝土面层	水泥砂浆面层	普通水磨石面层	高级水磨石面层	水泥钢（铁）屑面层	防油渗混凝土和不发火（防爆的）面层	
1	表面平整度	5	4	3	2	4	5	用2m靠尺和楔形塞尺检查
2	踢脚线上口平直	4	4	3	3	4	4	拉5m线和用钢尺检查
3	缝格平直	3	3	3	2	3	3	

5.2 水泥混凝土面层

5.2.1 水泥混凝上面层厚度应符合设计要求。

5.2.2 水泥混凝土面层铺设不得留施工缝。当施工间隙超过允许时间规定时，应对接茬处进行处理。

5.2.3 水泥混凝土采用的粗骨料，其最大粒径不应大于面层厚度的2/3，细石混凝上面层采用的石子粒径不应大于15mm。

检验方法：观察检查和检查材质合格证明文件及检测报告。

5.2.4 面层的强度等级应符合设计要求，且水泥混凝土面层强度等级不应小于C20；水泥混凝土垫层兼面层强度等级不应小于C15。

检验方法：检查配合比通知单及检测报告。

5.2.5 面层与下一层应结合牢固，无空鼓、裂纹。

检验方法：用小锤轻击检查。

注：空鼓面积不应大于$400cm^2$，且每自然间（标准间）不多于2处可不计。

5.2.6 面层表面不应有裂纹、脱皮、麻面、起砂等缺陷。

检验方法：观察检查。

5.2.7 面层表面的坡度应符合设计要求，不得有倒泛水和积水现象。

检验方法：观察和采用泼水或用坡度尺检查。

5.2.8 水泥砂浆踢脚线与墙面应紧密结合，高度一致，出墙厚度均匀。

检验方法：用小锤轻击、钢尺和观察检查。

注：局部空鼓长度不应大于300mm，且每自然间（标准间）不多于2处可不计。

5.2.9 楼梯踏步的宽度、高度应符合设计要求。楼层梯段相邻踏步高度差不应大于10mm，每踏步两端宽度差不应大于10mm；旋转楼梯梯段的每踏步两端宽度的允许偏差为5mm。楼梯踏步的齿角应整齐，防滑条应顺直。

检验方法：观察和钢尺检查。

5.2.10 水泥混凝土面层的允许偏差应符合本规范表 5.1.7 的规定。

检验方法：应按本规范表 5.1.7 中的检验方法检验。

4. 预防措施

（1）严格处理底层（垫层或基层）

① 认真清理表面的浮灰及其他污物，并冲洗干净。如底层表面对光滑，则应凿毛。

② 控制基层平整度，用 2m 直尺检查，其凹凸度不应大于 10mm，以保证面层厚度均匀一致，防止厚薄悬殊过大，造成凝结硬化时收缩不均而产生裂缝、空鼓。

③ 面层施工前 1～2d，应对基层认真进行浇水湿润，使基层具有清洁、湿润、粗糙的表面。

（2）注意结合层施工质量

① 素水泥浆结合层在调浆后均匀涂刷，不宜采用先撒干水泥面后浇水的扫浆方法。素水泥浆水灰比以 0.4～0.5 为宜。

② 刷素水泥浆应与铺设面层紧密配合，严格做到随刷随铺。铺设层时，如果素水泥浆已风干硬结，则应铲去后重新涂刷。

③ 在水泥炉渣或水泥石灰炉渣垫层上涂刷结合层时，宜加砂子，其配合比可为水泥：砂子＝1：1（体积比）。刷浆前，应将表面松动的颗粒扫除干净。

（3）保证炉渣垫层和混凝土垫层的施工质量

① 拌制水泥炉渣或水泥石灰炉渣垫层应用“陈渣”，严禁用“新渣”。

② 炉渣使用前应过筛，其最大粒径不应大于 4mm，且不得超过垫层厚度的 1/2。粒径在 5mm 以下者，不得超过总体积的 40%。炉渣内不应含有机物和未燃尽的煤块。炉渣采用“焖渣”时，其焖透时间不应少于 5d。

③ 石灰应在使用前 3～4d 用清水熟化，并加以过筛。其最大粒径不得大于 5mm。

④ 水泥沪渣配合比宜采用水泥：炉渣＝1：6（体积比）；水泥石灰炉渣配合比宜采用水泥：石灰：炉渣＝1：1：8（体积比）；拌合应均匀，严格控制用水量。铺设后宜用辊子滚压至表面泛浆，并用木抹子搓打平，表面不应有松动的颗粒。铺设厚度不应小于 60mm。当铺设厚度超过 120mm 时，应分层进行铺设。

⑤ 在炉渣垫层内埋设管道时，管道周围应用细石混凝土通长稳固好。

⑥ 炉渣垫层铺设在混凝土基层上时，铺设前应先在基层上涂刷水灰比为 0.4～0.5 的素水泥浆一遍，随涂随铺，铺设后及时拍平压实。

⑦ 炉渣垫层铺设后，应认真做好养护工作，养护期间应避免受水侵蚀，待其抗压强度达到 1.2MPa 后，方可进行下道工序的施工。

⑧ 混凝土垫层应用平板振捣器振实，高低不平处，应用水泥砂浆或细石混凝土找平。

（4）冬期施工如使用火炉采暖养护时，炉子下面要架高，上面要吊铁板，避免局部温度过高而使砂浆或混凝土失水过快，造成空鼓。

（5）在高压缩性软土地基上施工地面前，应先进行地面加固处理。对局部设备荷载较大的部位，可采用桩基承台支承，以免除沉降后患。

（6）对于房间的边、角处，以及空鼓面积不大于 0.1m² 且无裂缝者，一般可不作修补。

(7) 对人员活动频繁的部位，如房间的门口、中部等处，以及空鼓面积大于 $0.1m^2$，但裂缝显著者，应予返修。

(8) 局部返修应将空鼓部分凿去，四周宜凿成方块形或圆形，并凿进结合良好处 30～50mm，边缘应凿成斜坡形。底层表面应适当凿毛。凿好后，将修补周围 100mm 范围内清理干净。修补前 1～2d，用清水冲洗，使其充分湿润。修补时，先在底面及四周刷水灰比为 0.4～0.5 的素水泥浆一遍，然后用面层相同材料的拌合物填补。如原有面层较厚，修补时应分次进行，每次厚度不宜大于 20mm。终凝后，应立即用湿砂或湿草袋等覆盖养护，严防早期产生收缩裂缝。

(9) 大面积空鼓，应将整个面层凿去，并将底面凿毛，重新铺设新面层。有关清理、冲洗、刷浆、铺设和养护等操作要求同上。

5. 工程实例图片

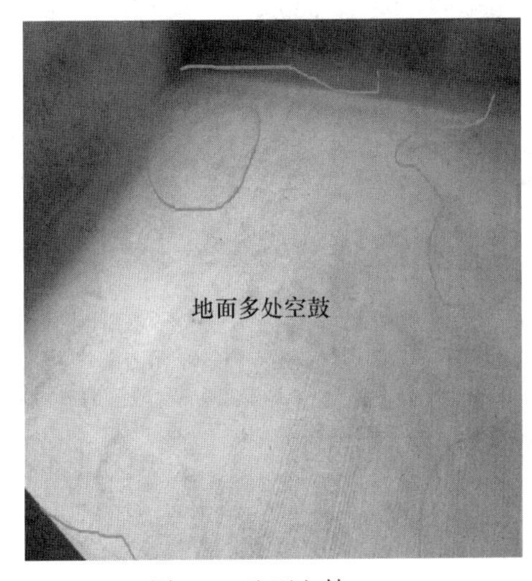

图 9-3　地面空鼓

图 9-4　地面空鼓处返修处理

9.3　地面下陷

1. 问题现象

地面下陷多发生于无地下室的一层地面或地下室地面。

2. 原因分析

主要原因是地下基土发生变化造成上部面层整体下沉。

3. 预防措施

严格处理室内回填土、防止室内外渗漏水。

(1) 严格按要求分层夯实，每层铺土厚度不得超过 300mm。

(2) 控制和测定回填土的含水量，一般控制在 13%～20%（重量比）。

(3) 回填土前必须把基坑杂物清理干净。

(4) 回填土料中不得有大于50mm直径的干土块。

(5) 含有机质的土料不能作有夯实要求的填料。

(6) 对重要的填方工程，应根据工程特点、填料种类、设计压实系数以及施工条件等合理选择压实机具，并确定填料含水量控制范围、铺土厚度和压实遍数等参数。根据施工实际测定的参数进行施工。

(7) 做好室内外防水工作，防止管道损坏以及漏水。

4. 工程实例图片

(a)

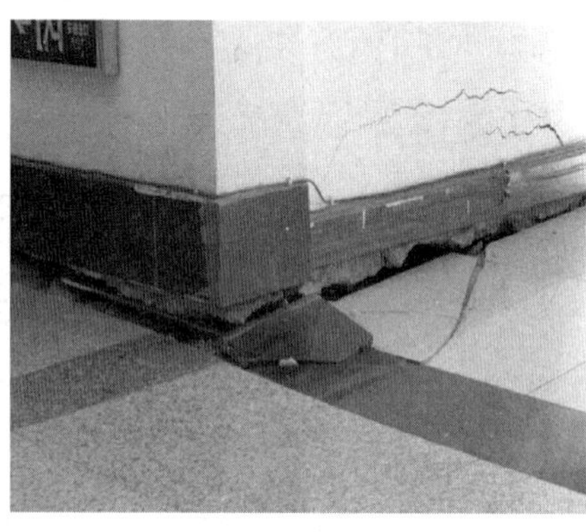

(b)

图 9-5　室内地面下陷

9.4　浴厕间地面渗漏滴水

1. 问题现象

浴厕间地面常有积水，顶棚表面经常潮湿。沿管道边缘或管道接头处渗漏滴水，甚至渗漏到墙体内形成大片洇湿，造成室内环境恶化。

2. 原因分析

(1) 设计文件存在缺陷或漏项。

(2) 施工过程管理不到位，对关键工序以及节点把控不严。

(3) 检查试验工作不到位。

3. 预防措施

(1) 设计方面应针对工程使用特点，在图纸上明确质量要求。

① 浴厕间楼地面标高应比一般地面低20～50mm。

② 浴厕间楼地面结构四周的边梁应向上翻起，高度不小于200mm，防止水从四周墙角处向外渗漏。

③ 浴厕间楼地面应有2%～3%的坡度坡向地漏。

④ 管道支（托）架应注明用料规格、间距和固定方式。

⑤ 横向排水管应有2%～3%的坡度，以使排水畅通，防止涌水上冒。

⑥ 竖向排水管每层应设置清扫口，一旦发生堵塞，便于及时清扫。

⑦ 地漏应设有防水托盘，防止地面污水沿地漏四周向下渗漏。

⑧ 明确管道安装好后，必须进行注水试压（上水管）和注水试验（下水管）的要求。

（2）土建施工应作好以下几点：

① 重视浴厕间楼地面结构混凝土的浇筑质量，振捣密实，认真养护。

② 楼面上预留的管道孔洞上下位置应一致，防止出现较大误差。

③ 管道安装好后，宜用细石混凝土认真补浇管道四周洞口。混凝土强度等级应比楼面结构的混凝土提高一级，并认真做好养护。

④ 认真做好防水层施工，施工结束后应作蓄水试验（蓄水20～30mm，24h不渗漏为合格），合格后方可铺设地面面层。

⑤ 铺设地面前，应检查找坡方向和坡度是否正确，保证地面排水通畅。

（3）安装施工应作好以下各点。

① 坐便器在楼板上的排水预留口应高出地面（建筑标高，即地面完成10mm，切不可歪斜或低于楼面。

② 浴盆在楼板上的排水预留口应高出地面（建筑标高）10mm，浴盆的排水铜管插入排水管内不应少于50mm。

③ 上下管道的接口缝隙内缠绕的油盘根绳应捻实，并用油灰嵌填严密。

④ 排水管道应用吊筋或支（托）架固定牢固，排水横管的坡度应符合要求，使排水畅通。

⑤ 安装过程中凡敞口的管口，应用临时堵盖随手封严，防止杂物掉入管膛内。寒冷地区入冬结冻前，对尚未供暖的工程，应将卫生器具存水弯内的积水排除干净或采取其他措施加以保护，避免冻裂管线。

⑥ 管道安装后，应及时进行注水试压（用于上水管）和注水试验（用于下水管）。

⑦ 地漏安装标高应正确，地漏接口安装好地漏防水托盘后，仍应低于地面20mm，以保证满足地面排水坡度。

治理办法：对于浴厕间楼地面的渗漏质量通病，应认真查清原因后，彻底进行根治。

4. 工程实例图片

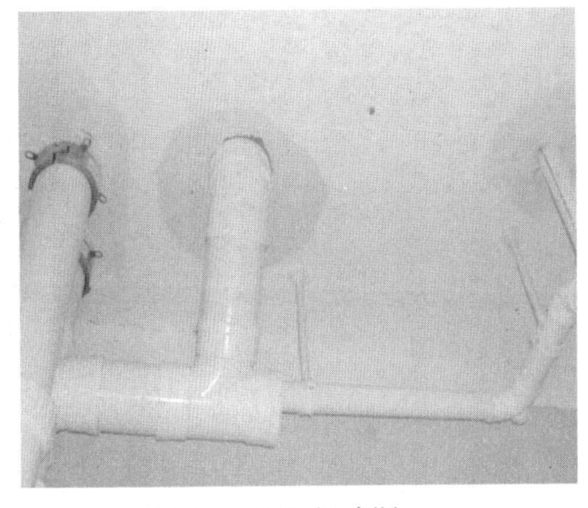

图9-6　卫生间渗漏

图9-7　卫生间地面上翻条施工不当，出现渗水

9.5 板块地面色泽不均匀

1. 问题现象

铺好后的地面板块面层，色泽、纹理不协调一致。一个空间的板块场面中，有的色泽较深或较浅，纹理各异，观感较差。

2. 原因分析

（1）材料本身存在问题，采购过程把关不严。

（2）施工过程作业人员责任心不强，材料加工不认真。

3. 预防措施

（1）不同产地、不同批次的天然石材不应混杂使用，由于天然石材的形成过程比较复杂，所以色泽、纹理的变化较大，往往难以协调一致。在进料、贮存、使用中应予区别，避免混杂使用。

（2）同一产地的天然石材，铺设前也应进行色泽、纹理的挑选工作，将色泽、纹理一致或大致接近的，用于同一间地面，铺没后容易协调一致。

（3）同一间地面正式铺贴前，应进行试铺。将整个房间的板块安放地上，查看色泽和纹理情况，对不协调部分进行调整，如将局部色泽过深的板块调至周边或墙角处，使中间部位或常走人的部位达到协调和谐，然后按序叠起后待正式铺贴，这样整个地面的色泽和纹理能平缓延伸、过渡，达到整体和谐协调。

（4）板块地面细部套裁要仔细。

4. 工程实例图片

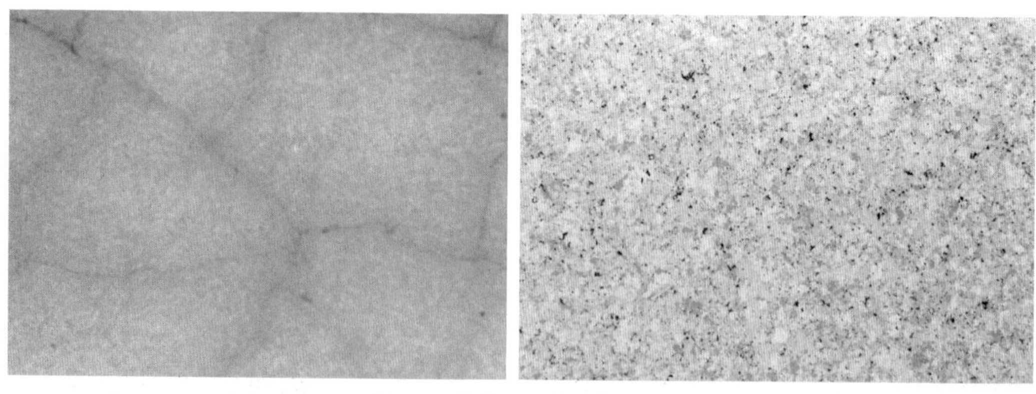

图 9-8　板块地面色泽不均匀

第10章　门窗工程

1. 问题现象

（1）门窗框弯曲。

（2）门窗框松动。

（3）门窗框不方正。

（4）窗框拼接部位没有打密封胶引起的渗漏。

（5）窗框上部因砂浆塞缝不密实，导致渗漏。

（6）外窗塞缝发泡胶外露，采用切割方式处理，破坏发泡胶外表层，造成渗漏隐患。

（7）金属锁施工不规范：玻璃无框门地面金属锁孔装饰件出现歪斜、松动、脱落或安装后高于地坪，造成门锁后晃动或难以锁牢等现象。

2. 原因分析

（1）门窗框受撞击产生变形。

（2）门窗框所采用的材料厚度薄，刚度不够。

（3）安装锚固铁脚间距过大。

（4）锚固铁脚所采用的材料过薄。

（5）锚固的方法不正确。

3. 相关规范和标准要求

根据《建筑装饰装修工程质量验收规范》（GB 50210—2001）要求：

5　门窗工程

5.1　一般规定

5.1.1　本章适用于木门窗制作与安装、金属门窗安装、塑料门窗安装、特种门安装、门窗玻璃安装等分项工程的质量验收。

5.1.2　门窗工程验收时应检查下列文件和记录：

1. 门窗工程的施工图、设计说明及其他设计文件。

2. 材料的产品合格证书、性能检测报告、进场验收记录和复验报告。

3. 特种门及其附件的生产许可文件。

4. 隐蔽工程验收记录。

5. 施工记录。

5.1.3　门窗工程应对下列材料及其他性能指标进行复验：

1. 人造木板的甲醛含量。

2. 建筑外墙金属窗、塑料窗的抗风压性能、空气渗透性能和雨水渗学习漏性能。

5.1.4 门窗工程应对下列隐蔽工程项目进行验收：

1. 预埋件和锚固件。

2. 隐蔽部们的防腐、填嵌处理。

5.1.5 各分项工程的检验批应按下列规定

1. 同一品种、类型和规格的木门窗、金属门窗、塑料门窗及门窗玻璃每100樘应划分为一个检验批。

2. 同一品种、类型和规格的特种门每50樘应划分为一个检验批，不足50樘也应划分为一个检验批。

5.1.6 检查数量应符合下列规定：

1. 木门窗、金属门窗、塑料门窗及门窗玻璃，每个检验批应至少抽查5%，并不得少于3樘，不足3樘时应全数检查；高层建筑的外窗，每个检验批应至少抽查10%，并不得少于6樘时应全数检查。

2. 特种门每个检验批应至少抽查50%，并不得少于10樘，不足10樘时应全数检查。

5.1.7 门窗安装前，应对门窗洞口尺寸进行检验。

5.1.8 金属门窗和塑料门窗安装应采用预留洞口的方法施工，不得采用边安装边砌口或先安装后砌口的方法施工。

5.1.9 木门窗与砖石砌体、混凝土或抹灰层接触处应进行防腐处理。

5.1.10 当金属窗或塑料窗组合时，其拼樘料的尺寸、规格、壁厚应符合设计要求。

5.1.11 建筑外门窗的安装必须牢固。在砌体上安装门窗严禁用射针固定。

5.1.12 特种门安装除应符合设计要求和本规范规定外，还应符合有关专业标准和主管部门的规定。

5.3 金属门窗安装工程

5.3.1 本节适用于钢门窗、铝合金门窗、涂色镀锌钢板门窗等金属让窗安装工程的质量验收。

主控项目

5.3.2 金属门窗的品种、类型、规格、尺寸、性能、开启方向、安装位置、连接方式及铝合金六窗的型材壁厚应符合设计要求。金属门窗的防腐处理及填嵌、密封处理应符合设计要求。

检验方法：观察；尺量检查；检查产品合格证书、性能检测报告、进场验收记录和复验报告；检查隐蔽工程验收记录。

5.3.3 金属门窗框和副框的安装必须牢固。预埋件的数量、位置、埋设方式、与框的连接方式必须符合设计要求。

检验方法：手扳检查；检查隐蔽工程验收记录。

5.3.4 金属门窗扇必须安装牢固，并应开关灵活、关闭严密、无倒翘。推拉门窗扇必须有防脱落措施。

检验方法：观察；开启和关闭检查；手扳检查。

5.3.5 金属门窗配件的型号、规格、数量应符合设计要求，安装应牢固，位置应正确，功能应满足使用要求。

检验方法：观察；开启和关闭检查；手扳检查。

一般项目

5.3.6　金属门窗表面应洁净、平整、光滑、色泽一致，无锈蚀。大面应无划痕、碰伤。漆膜或保护层应连续。

检验方法：观察。

5.3.7　铝合金门窗推拉门窗扇开关力应不大于100N。

检验方法：用弹簧秤检查。

5.3.8　金属门窗框与墙体之间的缝隙应填嵌饱满，并采用密封胶密封。密封胶表面应光滑、顺直，无裂纹。

检验方法：观察；轻敲门窗框检查；检查隐蔽工程难以记录。

5.3.9　金属门窗扇的橡胶密封条或毛毡密封条应安装完好，不得脱槽。

检验方法：观察；开启和关闭检查。

5.3.10　有排水孔的金属门窗，排水孔应畅通，位置数量应符合设计要求。

检验方法：观察。

4. 预防措施

（1）已经变形的框进行修理再安装。

（2）框采用的材料厚度要按照国家相关标准规定，主要受力构件厚度不小于1.2mm。

（3）框四周填塞要适宜，防过量向内弯曲。

（4）锚固铁脚的间距不得大于600mm，铁脚必须经过防腐处理。

（5）锚固铁脚所采用的材料厚度不低于1.5mm，宽度不得小于25mm。

（6）根据不同的墙体材料采用不同的锚固防治方案，砖墙上不得采用射钉锚固，多孔砖不得采用膨胀螺栓锚固。

（7）安装时使用木楔临时固定好，测量并调整对角线达到一样长，然后用铁脚固定牢固。

（8）门窗框安装前，必须先对洞口进行检查，应保证门窗框同预留洞口间距2～3cm内；若间距大于3cm，需用C20细石混凝土加镀锌钢网浇筑。7d后，方可进行门窗框安装。

（9）门窗框与副框之间的间隙，宜采用弹性闭孔材料（聚氨酯发泡剂塞饱满，并使用耐候密封胶密封。

（10）弹性闭孔材料（聚氨酯发泡剂）注打要求：连续施打，充填饱满，一次成型。出框外的发泡剂，应在结膜硬化前，塞入缝隙内，防止发泡剂外膜破坏。

（11）超出门窗框外的发泡胶应在其固化前用手或专用工具压入缝隙中，严禁固化后用刀片切割。

（12）安装锁孔装饰盖时，须用大理石开孔器先开孔，再用6mm冲击钻头打孔，深度为2.0～3.0cm。

（13）内置6mm塑料膨胀管，并用自攻螺丝固定牢，确保平整。

5. 工程实例图片

图 10-1　门窗安装作业

第11章　墙面抹灰工程

1. 问题现象

（1）墙面抹灰后，过一段时间往往在门窗框与墙面交接处，木基层与砖石、混凝土基层相交处，基层平整偏差较大的部位，以及墙裙、踢脚板上口等处出现空鼓、裂缝情况。

（2）墙面抹灰后，过一段时间，沿板缝处产生纵向裂缝，条板与顶板之间产生横向裂缝，墙面产生空鼓和不规则裂缝。

（3）抹罩面灰时操作不当，基层过干或使用石灰膏质量不好，容易产生面层起泡和有抹纹现象，过一段时间还会出现面层开花，影响抹灰外观质量。

（4）抹灰前挂线、做灰饼和冲筋不认真，阴阳角两边没有冲筋，影响阴阳角的垂直。

2. 原因分析

（1）基层清理不干净或处理不当；墙面浇水不透，抹灰后砂浆中的水分很快被基层（或底灰）吸收，影响粘结力。

（2）配制砂浆和原材料质量不好，使用不当。

（3）基层偏差较大，一次抹灰层过厚，干缩率较大。

（4）门窗框两边塞灰不严，墙体预埋木砖距离过大或木砖松动，经开关振动，在门窗框处产生空鼓和裂缝现象。

（5）在加气混凝条板，石膏珍珠岩空心板、碳化板轻质隔墙，墙面上抹灰时没有根据这些板材特性采用合理的操作方法。

（6）条板安装时，板缝粘结砂浆挤不严，砂浆不饱满。

（7）条板上口板头不平整方正，与顶板粘结不严。

（8）条板下端楼板面清扫不干净，光滑的楼板面没有凿毛。

（9）仅在条板一侧背木楔，填塞的豆石混凝土坍落度过大。

（10）墙体整体性和刚度较差，墙体受到剧烈冲击振动。

（11）抹完罩面后，压光工作跟的太紧，灰浆没有收水，压光后产生起泡现象。

（12）底子灰过分干燥，罩面前没有浇水湿润，抹罩面灰后，水分很快被底层吸收，压光时易出现抹纹。

（13）淋制面灰时，对慢性、过火灰颗粒及杂质没有滤净，灰膏熟化时间不够，未完全熟化的石灰颗粒掺在灰膏内，抹灰后继续熟化，体积膨胀，造成抹灰表面炸裂，出现开花和麻点现象。

（14）抹灰前挂线、做灰饼和冲筋不认真，阴阳角两边没有冲筋，影响阴阳角的垂直。

3. 相关规范和标准要求

根据《建筑装饰装修工程质量验收规范》（GB 50210—2001）的相关要求：

4. 抹灰工程

4.1 一般规定

4.1.1 本章适用于一般抹灰、装饰抹灰和清水砌体勾缝等分项工程的质量验收。

4.1.2 抹灰工程验收时应检查下列文件和记录：

1. 抹灰工程的施工图、设计说明及其他设计文件。

2. 材料的产品合格证书、性能检测报告、进场验收记录和复验报告。

3. 隐蔽工程验收记录。

4. 施工记录。

4.1.3 抹灰工程应对水泥的凝结时间和安定性进行复验。

4.1.4 抹灰工程应对下列隐蔽工程项目进行验收：

1. 抹灰总厚度大于或等于 35mm 时的加强措施。

2. 不同材料基体交接处的加强措施。

4.1.5 各分项工程的检验批应按下列规定划分：

1. 相同材料、工艺和施工条件的室外抹灰工程每 500～1000m^2 应划分为一个检验批，不足 500m^2 也应划分为一个检验批。

2. 相同材料、工艺和施工条件的室内抹灰工程每 50 个自然间（大面积房间和走廊按抹灰面积 30m^2 为一间）应划分为一个检验批，不足 50 间也应划分为一个检验批。

4.1.6 检查数量应符合下列规定：

1. 室内每个检验批应至少抽查 10%，并不得少于 3 间；不足 3 间时应全数检查。

2. 室外每个检验批每 100m^2 应至少抽查一处，每处不得小于 10m^2。

4.1.7 外墙抹灰工程施工前应先安装钢木门窗框、护栏等，并应将墙上的施工孔洞堵塞密实。

4.1.8 抹灰用的石灰膏的熟化期不应少于 15d；罩面用的磨细石灰粉的熟化期不应少于 3d。

4.1.9 室内墙面、柱面和门洞口的阳角做法应符合设计要求。设计无要求时，应采用 1：2 水泥砂浆做暗护角，其高度不应低于 2m，每侧宽度不应小于 50mm。

4.1.10 当要求抹灰层具有防水、防潮功能时，应采用防水砂浆。

4.1.11 各种砂浆抹灰层，在凝结前应防止快干、水冲、撞击、振动和受冻，在凝结后应采取措施防止沾污和损坏。水泥砂浆抹灰层应在湿润条件下养护。

4.1.12 外墙和顶棚的抹灰层与基层之间及各抹灰层之间必须粘结牢固。

4.2 一般抹灰工程

4.2.1 本节适用于石灰砂浆、水泥砂浆、水泥混合砂浆、聚合物水泥砂浆和麻刀石灰、纸筋石灰、石膏灰等一般抹灰工程的质量验收。一般抹灰工程分为普通抹灰和高级抹灰，当设计无要求时，按普通抹灰验收。

主控项目

4.2.2 抹灰前基层表面的尘土、污垢、油渍等应清除干净，并应洒水润湿。

检验方法：检查施工记录。

4.2.3 一般抹灰所用材料的品种和性能应符合设计要求。水泥的凝结时间和安定性复验应合格。砂浆的配合比应符合设计要求。

检验方法：检查产品合格证书、进场验收记录、复验报告和施工记录。

4.2.4　抹灰工程应分层进行。当抹灰总厚度大于或等于35mm时，应采取加强措施。不同材料基体交接处表面的抹灰，应采取防止开裂的加强措施，当采用加强网时，加强网与各基体的搭接宽度不应小于100mm。

检验方法：检查隐蔽工程验收记录和施工记录。

4.2.5　抹灰层与基层之间及各抹灰层之间必须粘结牢固，抹灰层应无脱层、空鼓，面层应无爆灰和裂缝。

检验方法：观察；用小锤轻击检查；检查施工记录。

一般项目

4.2.6　一般抹灰工程的表面质量应符合下列规定：

1. 普通抹灰表面应光滑、洁净、接槎平整，分格缝应清晰。

2. 高级抹灰表面应光滑、洁净、颜色均匀、无抹纹，分格缝和灰线应清晰美观。

检验方法：观察；手摸检查。

4.2.7　护角、孔洞、槽、盒周围的抹灰表面应整齐、光滑；管道后面的抹灰表面应平整。

检验方法：观察。

4.2.8　抹灰层的总厚度应符合设计要求；水泥砂浆不得抹在石灰砂浆层上；罩面石膏灰不得抹在水泥砂浆层上。

检验方法：检查施工记录。

4.2.9　抹灰分格缝的设置应符合设计要求，宽度和深度应均匀，表面应光滑，棱角应整齐。

检验方法：观察；尺量检查。

4.2.10　有排水要求的部位应做滴水线（槽）。滴水线（槽）应整齐顺直，滴水线应内高外低，滴水槽的宽度和深度均不应小于10mm。

检验方法：观察；尺量检查。

4.2.11　一般抹灰工程质量的允许偏差和检验方法应符合表4.2.11的规定。

4.3　装饰抹灰工程

4.3.1　本节适用于水刷石、斩假石、干粘石、假面砖等装饰抹灰工程的质量验收。

主控项目

4.3.2　抹灰前基层表面的尘土、污垢、油渍等应清除干净，并应洒水润湿。

检验方法：检查施工记录。

4.3.3　装饰抹灰工程所用材料的品种和性能应符合设计要求。水泥的凝结时间和安定性复验应合格。砂浆的配合比应符合设计要求。

检验方法：检查产品合格证书、进场验收记录、复验报告和施工记录。

4.3.4　抹灰工程应分层进行。当抹灰总厚度大于或等于35mm时，应采取加强措施。不同材料基体交接处表面的抹灰，应采取防止开裂的加强措施，当采用加强网时，加强网与各基体的搭接宽度不应小于100mm。

检验方法：检查隐蔽工程验收记录和施工记录。

4.3.5　各抹灰层之间及抹灰层与基体之间必须粘结牢固，抹灰层应无脱层、空鼓和裂缝。

检验方法：观察；用小锤轻击检查；检查施工记录。

一般项目

4.3.6　装饰抹灰工程的表面质量应符合下列规定：

1. 水刷石表面应石粒清晰、分布均匀、紧密平整、色泽一致，应无掉粒和接槎痕迹。

2. 斩假石表面剁纹应均匀顺直、深浅一致，应无漏剁处；阳角处应横剁并留出宽窄一致的不剁边条，棱角应无损坏。

3. 干黏石表面应色泽一致、不露浆、不漏粘，石粒应粘结牢固、分布均匀，阳角处应无明显黑边。

4. 假面砖表面应平整、沟纹清晰、留缝整齐、色泽一致，应无掉角、脱皮、起砂等缺陷。

检验方法：观察；手摸检查。

4.3.7　装饰抹灰分格条（缝）的设置应符合设计要求，宽度和深度应均匀，表面应平整光滑，棱角应整齐。

检验方法：观察。

4.3.8　有排水要求的部位应做滴水线（槽）。滴水线（槽）应整齐顺直，滴水线应内高外低，滴水槽的宽度和深度均不应小于10mm。

检验方法：观察；尺量检查。

4.3.9　装饰抹灰工程质量的允许偏差和检验方法应符合表4.3.9的规定。

4.4　清水砌体勾缝工程

4.4.1　本节适用于清水砌体砂浆勾缝和原浆勾缝工程的质量验收。

主控项目

4.4.2　清水砌体勾缝所用水泥的凝结时间和安定性复验应合格。砂浆的配合比应符合设计要求。

检验方法：检查复验报告和施工记录。

4.4.3　清水砌体勾缝应无漏勾。勾缝材料应粘结牢固、无开裂。

检验方法：观察。

一般项目

4.4.4　清水砌体勾缝应横平竖直，交接处应平顺，宽度和深度应均匀，表面应压实抹平。

检验方法：观察；尺量检查。

4.4.5　灰缝应颜色一致，砌体表面应洁净。

检验方法：观察。

4. 预防措施

（1）抹灰前的基层处理是确保抹灰质量的关键之一，必须认真做好；

① 混凝土、砖石基层表面凹凸明显部位，应事先剔平或用1：3水泥砂浆补平；表面太光滑的基层要凿毛，或用1：1水泥砂浆掺10%的107胶先薄薄抹一层（厚约3mm），24h后再进行抹灰，基层表面砂浆残渣污垢、隔离剂、油漆等，均应事先清除干净。

② 墙面脚手孔洞应堵塞严密；水暖、通风管道通过的墙洞和剔墙管槽，必须用1：3水泥砂浆堵严抹平。

③ 不同基层材料如木基层与砖面、混凝土基层相接处，应铺钉金属网，搭接宽度应从相接处起，两边不小于 10mm。

(2) 抹灰前墙面应先浇水。砖墙基层一般浇水两遍，砖面渗水深度约 8～10mm，即可达到抹灰要求。加气混凝土表面孔隙率大，但该材料毛细管为封闭性和半封闭性，阻碍了水分渗透速度，它同砖墙相比，吸水速度约慢 3～4 倍；因此，应提前两天进行浇水，每天两遍以上，使渗水深度达到 8～10mm。混凝土墙体吸水率低，抹灰前浇水可以少一些。如果各层抹灰相隔时间较长，或抹上的砂浆已干掉，则抹上一层砂浆的应将底层浇水湿润，避免刚抹的砂浆中的水分被底层吸走，产生空鼓现象。此外，基层墙面浇水程度，还与施工季节、气候和室内外操作环境有关，应根据实际情况掌握。

(3) 抹灰用的砂浆必须具有良好的和易性，并具有一定的粘结强度。

和易性良好的砂浆能涂抹成均匀的薄层，而且与底层粘结牢固，便于操作和能保证工程质量。砂浆的和易性的好坏取决于砂浆的稠度（沉入度）和保水性能。抹灰用砂浆稠度一般应控制如下：

底层抹灰砂浆为 10～12cm；中层抹灰砂浆为 7～8cm；面层抹灰砂浆为 10cm。

砂浆的保水性能是指在搅拌、运输、使用过程中，砂浆中的水与胶结材料及骨料分离快慢的性能，保水性不好的砂浆容易离析，如果涂抹在多孔基层表面上，砂浆中的水分很快会被基层吸走，发生脱水现象，变的比较稠不好操作。砂浆中胶结材料越多，则保水性能越好。水泥砂浆保水性较差时可掺入石灰膏，粉煤灰、加气剂或塑化剂，以提高其保水性。

为了保证砂浆与基层粘结牢固，抹灰砂浆应具有一定的粘结强度，抹灰时可在砂浆中掺入乳胶、107 胶等材料。

(4) 抹灰用的原材料应符合质量要求。

(5) 底层砂浆与中层砂浆的配合比应基本相同。中层砂浆强度等级不能高于底层，底层砂浆不能高于基层墙体，以免在凝结过程中产生较强的收缩应力，破坏强度较低的基层（或抹灰底层），产生空鼓、裂缝及脱壳等质量问题。

加气混凝土表面的抗压强度约 30～50kg/cm^2，加气混凝土墙体底层抹灰使用的砂浆标号不宜过高，一般应选用 1∶3 石灰砂浆或 1∶1∶6 等强度等级较低的混合砂浆为宜。

(6) 当基层墙体平整和垂直偏差较大，局部抹灰厚度较厚时，一般每次抹灰厚度应控制在 8～10mm 为宜。中层抹灰必须分若干次抹平。

水泥砂浆和混合砂浆应待前一层抹灰层凝固后，再涂抹后一层；石灰砂浆应待前一层发白后（7～8 成干），再涂抹后一层。以防止已抹的砂浆内部产生松动，或几层湿砂浆合在一起，造成收缩率过大，产生空鼓及裂缝。

(7) 门窗框塞缝应作为一道工序专人负责。先将水泥砂浆用小溜子将缝塞实塞严，待达到一定强度后再用水泥砂浆找平。

门窗框安装应采用有效措施，以保证与墙体联结牢固，抹灰后不致在门窗框边发生裂缝及空鼓问题。

① 当 12cm 厚的砖墙，预埋木砖容易松动，可采用 12×12×24cm 预制混凝土块（中加木砖）的方法；24cm 厚的砖墙，中间立口，木砖应与砖的尺寸同宽；靠一面立口时，应将木砖去掉一个斜茬。

② 气混凝土砌块隔墙与门框联结采用后立口时，先将墙体钻深 10cm、直径 35mm 的孔

眼，再以相同尺寸的圆木沾 107 胶水泥浆，打入孔洞内，表面露出约 10mm 代木砖用。

门口高度在 2m 以内时，每侧设三处，安装时先在门框上预先钻出钉眼，然后用木螺丝与加气混凝土块中预埋圆木钉牢，门框塞缝用粘结砂浆勾抹严实，粘结砂浆配合比（重量比）为水泥：细砂：107 胶水＝1：1：0.2：0.3。

采用先立口方法时，砌块和门框外侧均抹粘结砂浆 5mm，挤压塞实，同时校正墙面垂直平整，随即在门框每侧钉 4m 钉子各三个与加气块墙钉牢，钉子可先钉好在门框上外露钉尖，钉帽拍扁，待砌块至超过钉子高度时再钉进砌块内。

（8）加气混凝土墙抹灰必须注意以下几点：

① 墙体表面浮灰、松散颗粒应在抹灰前认真清扫干净；提前两天（每天 2～3 次）浇水，抹灰时在浇水湿润一遍。

② 抹石灰砂浆时，应事先刷一道 107 胶水溶液，配合比为 107 胶：水＝1：3～4；抹混合砂浆时应先刷一道 107 胶素水泥砂浆；107 胶掺量为水泥重量的 10％～15％，紧接着抹底层砂浆。

③ 底层砂浆强度等级不宜过高，一般用 1：3 石灰砂浆打底，纸筋灰罩面做法较好；如墙体表面较平整，可直接在基层上薄抹二遍纸筋（麻刀）罩面灰，厚度约 2～3mm，第一遍纸筋（麻刀）灰内掺 10％～15％胶，以增加与基层的粘结力。

需要做水泥砂浆的墙面。底层砂浆以抹 1：3：9 或 1：1：6 混合砂浆为宜，面层用 1：0.3：3 或 1：0.1：2.5 混合砂浆，总厚度不得超过 10～12mm。

（9）石膏珍珠岩条板、炭化板墙面抹灰，基层浮灰和颗粒要认真清刷干净，浇水要适当，板缝凹进部分应提前抹平；先刷 107 胶水溶液一道，随即抹 107 胶素水泥浆粘结层，待粘结层初凝时再抹 1：2.5 水泥砂浆或混合砂浆，厚度不超过 10mm。一般墙面可采用满刮腻子找平后喷浆的做法。

（10）应保证条板上下端与楼层粘结密实；两板之间、门框与墙板之间和过梁等部位均应粘结密实，保证墙体有良好的整体性和必要的刚度。

（11）纸（麻）筋灰罩面，须待底子灰 5～6 成干后进行；如底子灰过干应先浇水湿润；罩面时应由阴、阳角处开始，先竖着（或横着）薄薄刮一遍底，再横着（或竖着）抹第二遍找平，两遍总厚度约 2mm；阴、阳角分别用阳角抹子和阴角抹子捋光，墙面再用铁抹子压一遍，然后顺抹子纹压光。

（12）水泥砂浆罩面，应用 1：2～1：2.5 水泥砂浆，待抹完底子灰后，第二天进行罩面，先薄薄抹一遍，跟着抹第二遍（两遍总厚度约 5～7mm），用刮杆刮平，木抹子搓平，然后用钢皮抹子揉实压光。当底子灰较干时，罩面灰纹不易压光，用劲过大会造成罩面灰与底层分离空鼓，所以应洒水后再压。

当底层较湿不吸水时，罩面灰收水慢，当天如不能压光成活，可撒上 1：2 干水泥砂粘在罩面灰上吸水，待干水泥砂吸水后，把这层水泥砂浆刮掉后再压光。

（13）纸（麻）筋灰用的石灰膏，淋灰时应用不大于 3×3mm 筛子过滤，石灰熟化时间不少于 30d；严禁使用含有未熟化颗粒的石灰膏，采用生石灰粉时也应提前 1～2d 化成石灰膏。

（14）按规矩将房间找方，挂线找垂直和贴灰饼（灰饼距离 1.5～2m 一个）。

（15）冲筋宽度为 10cm 左右，其厚度应与灰饼相平。为了便于作角和保证阴阳角垂直方正，必须在阴阳角两边都冲灰筋一道；抹出的灰筋应用长木杆依照灰饼标志上下刮平；木杆受潮变形后要及时修正。

（16）抹灰时如果冲筋较软，容易碰坏灰筋，抹灰后墙面凹凸不平；但也不宜在灰筋过干后进行抹灰，以免出现灰筋高出抹灰表面。

（17）抹阴阳角时，应随时用方尺检查角的方正，不方正时应及时修正。抹阴角砂浆稠度应稍小，要用阴角抹子上下窜平窜直，尽量多压几遍，避免裂缝和不垂直方向。

5. 工程实例图片

图 11-1　正确做法一：施工准备

图 11-2　正确做法二：润湿

图 11-3　正确做法三：拉毛、贴饼冲筋

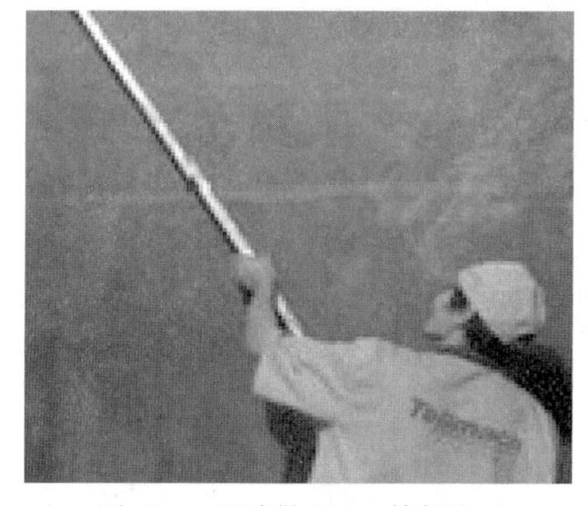

图 11-4　正确做法四：抹灰找平

图 11-5　正确做法五：养护

图 11-6　墙面抹灰空鼓

第12章　室外工程

1. 问题现象

（1）散水空鼓部位用脚跺有“嘭、嘭”响声，用小锤敲击有空鼓声。使用一段时间后极易开裂。严重时大面积剥落、起块，影响使用。

（2）散水表面粗糙，颜色泛白。轻者局部起砂，零星起灰皮；重者大面积翻砂，成片水泥硬壳剥落，面层布满凹坑。

（3）散水裂缝有的出现在沿墙体通长方向，有的出现在沿散水宽度方向的横向，也有出现在墙体转角处的45°斜向。一种是开始时仅涉及面层，继而深及垫层，最终因渗水严重，使散水局部下沉，失去排水功能。还有一种是表面干缩裂缝，大多呈无规则状态分布。

2. 原因分析

（1）垫层（或基层）表面清理不干净，影响垫层与面层的结合。

（2）面层施工时，垫层（或基层）表面不浇水湿润或浇水不足，过于干燥。铺设砂浆后，由于垫层迅速吸收水分，致使砂浆失水过快而强度不高，面层与垫层粘结不牢；另外，干燥的垫层（或基层）未经冲洗，表面的粉尘难于扫除，对面层砂浆起到一定的隔离作用。

（3）垫层（或基层）表面有积水，在铺设面层后，积水部分水灰比突然增大，影响面层与垫层的粘结，易使面层空鼓。

（4）为增强面层与垫层（或垫层与基层）之间的粘结力，施工中往往需涂刷水泥结合浆。若刷浆过早，铺设面层时，所刷的水泥浆已风干硬结，不但没有粘结力，反而起了隔离层的作用；若采用先撒干水泥面后浇水（或先浇水后撒干水泥面）的扫浆方法，由于干水泥面不易撒匀，浇水也有多有少，容易造成干灰层、积水坑，成为日后面层空鼓的潜在隐患。

（5）水泥砂浆拌合物的水灰比过大，施工时砂浆泌水，造成散水表面强度低，完工后一经走动磨损，就会起灰。

（6）面层压光时间过早或过迟，会大大降低面层砂浆的强度和抗磨能力。

（7）养护不适当。养护过早或养护不及时，及养护时间不够都会影响面层砂浆强度。

（8）尚未达到足够的强度就上人走动，使散水表面遭受磨擦等作用，容易导致地面起砂。

（9）冬季低温施工时，水泥砂浆受冻后，强度将大幅度下降，一经人走动也会起砂。

（10）原材料不合要求。水泥强度等级低，或用过期水泥、受潮结块水泥；砂子粒度过细，拌合时需水量大，水灰比加大，强度降低；砂子含泥量过大，影响水泥与砂子的粘结力，和造成散水起砂。

（11）散水地基内的垃圾等杂物未清理干净，或地基未按规范规定分层夯实，过一段时间后回填土下沉，引起散水裂缝。

（12）散水施工时，没有按规定留置好伸缩缝，或缝宽过窄，不足以承受胀、缩的需要。

(13) 勒脚和散水施工程序颠倒，先浇筑混凝土散水，后做勒脚，勒脚位于散水之上。随着建筑物的下沉、地基土的不断压缩，紧贴于墙面的勒脚造成脱落，有的导致勒脚下部散水沿墙长度方向出现纵向裂缝。

(14) 落水管下部排水口位于散水伸缩缝处或落水管缺少排水弯头，使雨水进入伸缩缝内，造成垫层或地基土局部下沉，致使散水出现沉陷裂缝。

(15) 水灰比过大或养护不及时，出现收缩裂缝。

(16) 用撒干水泥面方法进行面层压光，造成表面干缩裂缝。

3. 相关规范和标准要求

根据《建筑地面工程施工质量验收规范》(GB 50209—2010) 要求：

5　整体面层铺设

5.1　一般规定

5.1.1　本章适用于水泥混凝土（含细石混凝土）面层、水泥砂浆面层、水磨石面层、硬化耐磨面层、防油渗面层、不发火（防爆）面层、自流平面层、涂料面层、塑胶面层、地面辐射供暖的整体面层等面层分项工程的施工质量检验。

5.1.2　铺设整体面层时，水泥类基层的抗压强度不得小于 1.2MPa；表面应粗糙、洁净、湿润并不得有积水。铺设前宜凿毛或涂刷界面剂。硬化耐磨面层、自流平面层的基层处理应符合设计及产品的要求。

5.1.3　铺设整体面层时，地面变形缝的位置应符合本规范第 3.0.16 条的规定；大面积水泥类面层应设置分格缝。

5.1.4　整体面层施工后，养护时间不应少于 7d；抗压强度应达到 5MPa 后方准上人行走；抗压强度应达到设计要求后，方可正常使用。

5.1.5　当采用掺有水泥拌合料做踢脚线时，不得用石灰混合砂浆打底。

5.1.6　水泥类整体面层的抹平工作应在水泥初凝前完成，压光工作应在水泥终凝前完成。

5.1.7　整体面层的允许偏差和检验方法应符合表 5.1.7 的规定。

表 5.1.7　整体面层的允许偏差和检验方法

项次	项目	允许偏差（mm）									检验方法
		水泥混凝土面层	水泥砂浆面层	普通水磨石面层	高级水磨石面层	硬化耐磨面层	防油渗混凝土和不发火（防爆）面层	自流平面层	涂料面层	塑胶面层	
1	表面平整度	5	4	3	2	4	5	2	2	2	用 2m 靠尺和楔形塞尺检查
2	踢脚线上口平直	4	4	3	3	4	4	3	3	3	拉 5m 线和用钢尺检查
3	缝格顺直	3	3	3	2	3	3	2	2	2	

5.2　水泥混凝土面层

5.2.1　水泥混凝土面层厚度应符合设计要求。

5.2.2 水泥混凝土面层铺设不得留施工缝。当施工间隙超过允许时间规定时，应对接槎处进行处理。

Ⅰ主控项目

5.2.3 水泥混凝土采用的粗骨料，最大粒径不应大于面层厚度的2/3，细石混凝土面层采用的石子粒径不应大于16mm。

检验方法：观察检查和检查质量合格证明文件。

检查数量：同一工程、同一强度等级、同一配合比检查一次。

5.2.4 防水水泥混凝土中掺入的外加剂的技术性能应符合国家现行有关标准的规定，外加剂的品种和掺量应经试验确定。

检验方法：检查外加剂合格证明文件和配合比试验报告。

检查数量：同一工程、同一品种、同一掺量检查一次。

5.2.5 面层的强度等级应符合设计要求，且强度等级不应小于C20。

检验方法：检查配合比试验报告和强度等级检测报告。

检查数量：配合比试验报告按同一工程、同一强度等级、同一配合比检查一次；强度等级检测报告按本规范第3.0.19条的规定检查。

5.2.6 面层与下一层应结合牢固，且应无空鼓和开裂。当出现空鼓时，空鼓面积不应大于400cm^2，且每自然间或标准间不应多于2处。

检验方法：观察和用小锤轻击检查。

检查数量：按本规范第3.0.21条规定的检验批检查。

Ⅱ一般项目

5.2.7 面层表面应洁净，不应有裂纹、脱皮、麻面、起砂等缺陷。

检验方法：观察检查。

检查数量：按本规范第3.0.21条规定的检验批检查。

5.2.8 面层表面的坡度应符合设计要求，不应有倒泛水和积水现象。

检验方法：观察和采用泼水或用坡度尺检查。

检查数量：按本规范第3.0.21条规定的检验批检查。

5.2.9 踢脚线与柱、墙面应紧密结合，踢脚线高度和出柱、墙厚度应符合设计要求且均匀一致。当出现空鼓时，局部空鼓长度不应大于300mm，且每自然间或标准间不应多于2处。

检验方法：用小锤轻击、钢尺和观察检查。

检查数量：按本规范第3.0.21条规定的检验批检查。

5.2.10 楼梯、台阶踏步的宽度、高度应符合设计要求。楼层梯段相邻踏步高度差不应大于10mm；每踏步两端宽度差不应大于10mm，旋转楼梯梯段的每踏步两端宽度的允许偏差不应大于5mm。踏步面层应做防滑处理，齿角应整齐，防滑条应顺直、牢固。

检验方法：观察和用钢尺检查。

检查数量：按本规范第3.0.21条规定的检验批检查。

5.2.11 水泥混凝土面层的允许偏差应符合本规范表5.1.7的规定。

检验方法：按本规范表5.1.7中的检验方法检验。

检查数量：按本规范第3.0.21条规定的检验批和第3.0.22条的规定检查。

5.3　水泥砂浆面层

5.3.1　水泥砂浆面层的厚度应符合设计要求。

Ⅰ主控项目

5.3.2　水泥宜采用硅酸盐水泥、普通硅酸盐水泥，不同品种、不同强度等级的水泥不应混用；砂应为中粗砂，当采用石屑时，其粒径应为1～5mm，且含泥量不应大于3%；防水水泥砂浆采用的砂或石屑，其含泥量不应大于1%。

检验方法：观察检查和检查质量合格证明文件。

检查数量：同一工程、同一强度等级、同一配合比检查一次。

5.3.3　防水水泥砂浆中掺入的外加剂的技术性能应符合国家现行有关标准的规定，外加剂的品种和掺量应经试验确定。

检验方法：观察检查和检查质量合格证明文件、配合比试验报告。

检查数量：同一工程、同一强度等级、同一配合比、同一外加剂品种、同一掺量检查一次。

5.3.4　水泥砂浆的体积比（强度等级）应符合设计要求，且体积比应为1∶2，强度等级不应小于M15。

检验方法：检查强度等级检测报告。

检查数量：按本规范第3.0.19条的规定检查。

5.3.5　有排水要求的水泥砂浆地面，坡向应正确、排水通畅；防水水泥砂浆面层不应渗漏。

检验方法：观察检查和蓄水、泼水检验或坡度尺检查及检查检验记录。

检查数量：按本规范第3.0.21条规定的检验批检查。

5.3.6　面层与下一层应结合牢固，且应无空鼓和开裂。当出现空鼓时，空鼓面积不应大于400cm^2，且每自然间或标准间不应多于2处。

检验方法：观察和用小锤轻击检查。

检查数量：按本规范第3.0.21条规定的检验批检查。

Ⅱ一般项目

5.3.7　面层表面的坡度应符合设计要求，不应有倒泛水和积水现象。

检验方法：观察和采用泼水或坡度尺检查。

检查数量：按本规范第3.0.21条规定的检验批检查。

5.3.8　面层表面应洁净，不应有裂纹、脱皮、麻面、起砂等现象。

检验方法：观察检查。

检查数量：按本规范第3.0.21条规定的检验批检查。

5.3.9　踢脚线与柱、墙面应紧密结合，踢脚线高度及出柱、墙厚度应符合设计要求且均匀一致。当出现空鼓时，局部空鼓长度不应大于300mm，且每自然间或标准间不应多于2处。

检验方法：用小锤轻击、钢尺和观察检查。

检查数量：按本规范第3.0.21条规定的检验批检查。

5.3.10　楼梯、台阶踏步的宽度、高度应符合设计要求。楼层梯段相邻踏步高度差不应大于10mm；每踏步两端宽度差不应大于10mm，旋转楼梯梯段的每踏步两端宽度的允许偏差不应大于5mm。踏步面层应做防滑处理，齿角应整齐，防滑条应顺直、牢固。

检验方法：观察和用钢尺检查。

检查数量：按本规范第3.0.21条规定的检验批检查。

5.3.11 水泥砂浆面层的允许偏差应符合本规范表5.1.7的规定。

检验方法：按本规范表5.1.7中的检验方法检验。

检查数量：按本规范第3.0.21条规定的检验批和第3.0.22条的规定检查。

4. 预防措施

（1）认真清理底层表面的浮灰、浆膜以及其他污物，并冲洗干净。控制基层平整度，用2m直尺检查，其凹凸度不应大于10mm，以保证面层厚度均匀一致，防止厚薄悬殊过大，造成凝结硬化时收缩不一而产生裂缝、宽鼓。面层施工前，应对基层认真进行浇水湿润。

（2）素水泥结合浆的水灰比以0.4～0.5为宜。刷素水泥浆应与铺设面层紧密配合，做到随刷随铺。铺设面层时，如果素水泥浆已风干硬结，则应铲去后重新涂刷。

（3）严格控制水灰比。用于面层的水泥砂浆的稠度不应大于35mm，混凝土或细石混凝土的坍落度不应大于30mm。垫层事前要充分湿润，水泥浆要涂刷均匀，随铺灰随用短杠刮平。混凝土面层宜用平板振捣器振实，细石混凝土宜用辊子滚压，或用木抹子拍打，使表面泛浆，以保证面层的强度和密实度。

（4）掌握好面层的压光时间。散水面层的压光一般不应少于三遍。第一遍应在面层铺设后随即进行。先用木抹子均匀搓打一遍，使面层材料均匀、紧密、抹压平整，以表面不出现水层为宜。第二遍压光应在水泥初凝后、终凝前完成（一般以上人时有轻微脚印但又不明显下陷为宜），将表面压光、压平整。第三遍压光主要是消除抹痕和闭塞细毛孔，进一步将表面压实、压光滑（时间应掌握在上人不出现脚印或有不明显的脚印为宜），但切忌在水泥终凝后压光。

（5）水泥砂浆面层压光后，应视气温情况，一般在一昼夜后进行洒水养护，或用草帘、锯末覆盖后洒水养护。养护的时间不应少于7d。

（6）合理安排施工流向和施工顺序，避免上人过早。

（7）在低温条件下抹水泥面层，应防止早期受冻。

（8）水泥宜采用早期强度较高的硅酸盐水泥、普通硅酸盐水泥，强度等级不应低于32.5级，安定性要好。过期结块或受潮结块的水泥不得使用。砂子宜采用粗、中砂，含泥量不应大于3%。用于面层的细石和碎石粒径不应大于15mm，也不应大于面层厚度的2/3，含泥量不应大于2%。

（9）回填土是影响散水工程质量的关键。禁止用垃圾土回填，淤泥、腐殖土、冻土、耕植土和有机物含量大于8%的土不得用作回填。回填土应按规范要求过筛、控制含水率、分层回填、分层夯实，压实系数符合设计要求。

（10）湿陷性黄土应按设计要求采取相应防护措施。灰土垫层，应用熟化石灰与黏土拌合后铺设。灰土拌合料应选材一致，拌制均匀，并保持一定湿度（现场鉴定以手握成团、落地开花为宜）。灰土拌合料铺设应分层随铺随夯，不得隔日，不得遭受雨淋。每层虚铺厚度宜为150～250mm，夯实的干密度最低值应符合设计要求。

（11）按规定设置好散水分隔、伸缩缝。散水根部应沿外墙设置通长分隔缝；房屋转角处应设置45°角伸缩缝或沿两个方向设置两道垂直于墙面的伸缩缝；沿散水长度方向应按间距 6～10m 设置横向伸缩缝。分隔缝、伸缩缝缝宽 20mm，贯通面层和混凝土垫层，缝内填塞沥青胶结料。

（12）按先做好勒脚、后施工散水的操作程序组织施工。

（13）规划伸缩缝留设位置时应避开落水管位置。落水管下部靠近散水处要安设排水弯头，并设水簸箕。

（14）控制好抹面砂浆水灰比，做好覆盖、浇水养护。当面层表面出现泌水时，可将与面层砂浆配合比相同的干拌水泥砂拌合物均匀地在面层上薄薄铺撒一层，待吸水后，先用木抹子抹压紧密，然后用铁抹子压光。

5. 工程实例图片

图 12-1　散水开裂塌陷

图 12-2　散水施工规范

图 12-3　散水观感质量好

图 12-4　散水施工过程

第13章 建筑节能工程（外墙保温工程）

1. 问题现象

（1）粘贴和抹面胶浆材料质量差，其中聚合物含量过低胶浆强度不足，粘贴不牢固、抹面胶浆保护层易破损，透水性、抗冻性以及耐候性较差。

（2）外墙饰面层沿板拼接处产生裂缝。

（3）抹面胶浆厚度不足、平整度差、板拼缝明显、窗旁等阳角不方正顺直、外窗台不平整。

（4）落水管管卡周边及所有穿墙洞未密封或密封不严。

（5）外墙保温上口及下口等未用硅酮密封胶密封。

（6）阴阳角及门窗洞口周边包边及加强措施不到位，窗台及阳角部位易破损。勒脚下口及变形缝两侧不包边、不抹抹面胶浆，无保护层EPS板裸露，潮气及雨水易渗入。

2. 原因分析

（1）外墙外保温系统自身构造缺陷

膨胀聚苯EPS板薄抹灰外墙外保温系统通常采用粘贴的方式固定在基层墙体上，然后，在保温板上施工抹面砂浆并将增强网铺压在抹面砂浆中。这种构造设计自身就存在缺陷：首先，EPS板薄抹灰外墙保温隔热体系通常采用纯点粘或点框粘，该体系存在整体贯通的空腔，正负风压对保温隔热墙面进行挤或拉，容易造成板缝处开裂；其次，EPS板保温层上的砂浆复合网格布防护层，由于EPS板保温隔热层热阻很大，从而使防护层的热量不易传导扩散（聚苯板的导热系数为0.042W/（m·K），抗裂砂浆的导热系数为0.93W/（m·K），温差变化以及受昼夜和季节室外气温的影响，对抹面砂浆的柔韧性和网格布的耐久性提出了相当高的要求。如施工时对原材料把关不严，使用了不合格的抹面抗裂砂浆和网格布，会造成墙面大面积开裂。另外，当EPS板的温度超过70℃时，EPS板会产生不可逆热胀形变，也会造成较为严重的开裂形变。

（2）EPS板施工方法不当

① 基层表面的平整度不符合外保温工程对基层的允许偏差项目的质量要求，平整度偏差过大；基层表面含有妨碍粘贴的物质而没有对其进行界面处理；所用的胶粘剂达不到外保温技术对产品的质量、性能要求，粘结面积不符合规范要求；基层墙面过于干燥，或雨后墙面含水量过大又没有等到墙面干燥就进行保温板的粘贴，以致造成粘贴失败，造成保温层裂缝或脱落。

② 保温层粘贴EPS板时，提倡满粘法，采用点框粘时，实际粘结面积不得小于40%。EPS板应按顺砌方式粘贴，竖缝应逐行错缝，应粘贴牢固，不得有松动和空鼓；墙角处EPS板缝应交错互锁，门窗洞口四角处EPS板不得拼接，应采用整块EPS板切割成形，聚

苯板接缝应离开角部至少200mm；EPS板安装上墙后应及时做抹面层，裸露时间不应过长，防止聚苯板表面粉化，影响抹面砂浆与聚苯板的粘结。

③ 防护层施工时，网格布干搭接或搭接不够；网格布铺设位置贴近保温隔热层，起不到抗裂作用；门窗洞口的四角处沿45°未加铺玻纤网格，在应力集中的门窗洞口的四角处沿45°易出现裂缝。

3. 相关规范和标准要求

根据《建筑节能工程施工质量验收规范》（GB 50411—2007）相关要求

3 基本规定

3.1 技术与管理

3.1.1 承担建筑节能工程的施工企业应具备相应的资质；施工现场应建立相应的质量管理体系、施工质量控制和检验制度，具有相应的施工技术标准。

3.1.2 设计变更不得降低建筑节能效果。当设计变更涉及建筑节能效果时，应经原施工图设计审查机构审查，在实施前应办理设计变更手续，并获得监理或建设单位的确认。

3.1.3 建筑节能工程采用的新技术、新设备、新材料、新工艺，应按照有关规定进行评审、鉴定及备案。施工前应对新的或首次采用的施工工艺进行评价，并制定专门的施工技术方案。

3.1.4 单位工程的施工组织设计应包括建筑节能工程施工内容。建筑节能工程施工前，施工单位应编制建筑节能工程施工方案并经监理（建设）单位审查批准。施工单位应对从事建筑节能工程施工作业的人员进行技术交底和必要的实际操作培训。

3.1.5 建筑节能工程的质量检测，除本规范14.1.5条规定的以外，应由具备资质的检测机构承担。

3.2 材料与设备

3.2.1 建筑节能工程使用的材料、设备等，必须符合设计要求及国家有关标准的规定。严禁使用国家明令禁止使用与淘汰的材料和设备。

3.2.2 材料和设备进场验收应遵守下列规定：

1. 对材料和设备的品种、规格、包装、外观和尺寸等进行检查验收，并应经监理工程师（建设单位代表）确认，形成相应的验收记录。

2. 对材料和设备的质量证明文件进行核查，并应经监理工程师（建设单位代表）确认，纳入工程技术档案。进入施工现场用于节能工程的材料和设备均应具有出厂合格证、中文说明书及相关性能检测报告，定型产品和成套技术应有型式检验报告；进口材料和设备应按规定进行出入境商品检验。

3. 对材料和设备应按照本规范附录A及各章的规定在施工现场抽样复验。复验应为见证取样送检。

3.2.3 建筑节能工程使用材料的燃烧性能等级和阻燃处理，应符合设计要求和现行国家标准《高层民用建筑设计防火规范》GB 50045、《建筑内部装修设计防火规范》GB 50222和《建筑设计防火规范》GB 50016等的规定。

3.2.4 建筑节能工程使用的材料应符合国家现行有关标准对材料有害物质限量的规定，不得对室内外环境造成污染。

3.2.5　现场配制的材料如保温浆料、聚合物砂浆等，应按设计要求或试验室给出的配合比配制。当未给出要求时，应按照施工方案和产品说明书配制。

3.2.6　节能保温材料在施工使用时的含水率应符合设计要求、工艺要求及施工技术方案要求。当无上述要求时，节能保温材料在施工使用时的含水率不应大于正常施工环境湿度下的自然含水率，否则应采取降低含水率的措施。

3.3　施工与控制

3.3.1　建筑节能工程应按照经审查合格的设计文件和经审查批准的施工方案施工。

3.3.2　建筑节能工程施工前，对于采用相同建筑节能设计的房间和构造做法，应在现场采用相同材料和工艺制作样板间或样板件，经有关各方确认后方可进行施工。

3.3.3　建筑节能工程的施工作业环境和条件，应满足相关标准和施工工艺的要求。节能保温材料不宜在雨雪天气中露天施工。

3.4　验收的划分

3.4.1　建筑节能工程为单位建筑工程的一个分部工程。其分项工程和检验批的划分，应符合下列规定。

1. 建筑节能分项工程应按照表3.4.1划分。

表3.4.1　建筑节能分项工程划分

序号	分项工程	主要验收内容
1	墙体节能工程	主体结构基层；保温材料；饰面层等
2	幕墙节能工程	主体结构基层；隔热材料；保温材料；隔汽层；幕墙玻璃；单元式幕墙板块；通风换气系统；遮阳设施；冷凝水收集排放系统等
3	门窗节能工程	门；窗；玻璃；遮阳设施等
4	屋面节能工程	基层；保温隔热层；保护层；防水层；面层等
5	地面节能工程	基层；保温层；保护层；面层等
6	采暖节能工程	系统制式；散热器；阀门与仪表；热力入口装置；保温材料；调试等
7	通风与空气调节节能工程	系统制式；通风与空调设备；阀门与仪表；绝热材料；调试等
8	空调与采暖系统的冷热源及管网节能工程	系统制式；冷热源设备；辅助设备；管网；阀门与仪表；绝热、保温材料；调试等
9	配电与照明节能工程	低压配电电源；照明光源、灯具；附属装置；控制功能；调试等
10	监测与控制节能	冷、热源系统的监测控制系统；空调水系统的监测控制系统；通风与空调系统的监测控制系统；监测与计量装置；供配电的监测控制系统；照明自动控制系统；综合控制系统等

2. 建筑节能工程应按照分项工程进行验收。当建筑节能分项工程的工程量较大时，可以将分项工程划分为若干个检验批进行验收。

3. 当建筑节能工程验收无法按照上述要求划分分项工程或检验批时，可由建设、监理、施工等各方协商进行划分。但验收项目、验收内容、验收标准和验收记录均应遵守本规范的规定。

4. 建筑节能分项工程和检验批的验收应单独填写验收记录，节能验收资料应单独组卷。

4　墙体节能工程

4.1　一般规定

4.1.1　本章适用于采用板材、浆料、块材及预制复合墙板等墙体保温材料或构件的建筑墙体节能工程质量验收。

4.1.2　主体结构完成后进行施工的墙体节能工程，应在基层质量验收合格后施工，施工过程中应及时进行质量检查、隐蔽工程验收和检验批验收，施工完成后应进行墙体节能分项工程验收。与主体结构同时施工的墙体节能工程，应与主体结构一同验收。

4.1.3　墙体节能工程当采用外保温定型产品或成套技术时，其型式检验报告中应包括安全性和耐候性检验。

4.1.4　墙体节能工程应对下列部位或内容进行隐蔽工程验收，并应有详细的文字记录和必要的图像资料，

1. 保温层附着的基层及其表面处理。

2. 保温板粘结或固定。

3. 锚固件。

4. 增强网铺设。

5. 墙体热桥部位处理。

6. 预置保温板或预制保温墙板的板缝及构造节点。

7. 现场喷涂或浇筑有机类保温材料的界面。

8. 被封闭的保温材料厚度。

9. 保温隔热砌块填充墙体。

4.1.5　墙体节能工程的保温材料在施工过程中应采取防潮、防水等保护措施。

4.1.6　墙体节能工程验收的检验批划分应符合下列规定：

1. 采用相同材料、工艺和施工做法的墙面，每500～1000m^2面积划分为一个检验批，不足500m^2也为一个检验批。

2. 检验批的划分也可根据与施工流程相一致且方便施工与验收的原则，由施工单位与监理（建设）单位共同商定。

Ⅱ主控项目

4.2.1　用于墙体节能工程的材料、构件等，其品种、规格应符合设计要求和相关标准的规定。

检验方法：观察、尺量检查；核查质量证明文件。

检查数量：按进场批次，每批随机抽取3个试样进行检查；质量证明文件应按照其出厂检验批进行核查。

4.2.2　墙体节能工程使用的保温隔热材料，其导热系数、密度、抗压强度或压缩强度、燃烧性能应符合设计要求。

检验方法：核查质量证明文件及进场复验报告。

检查数量：全数检查。

4.2.3　墙体节能工程采用的保温材料和粘结材料等，进场时应对其下列性能进行复验，复验应为见证取样送检：

1. 保温材料的导热系数、密度、抗压强度或压缩强度；

2. 粘结材料的粘结强度；

3. 增强网的力学性能、抗腐蚀性能。

检验方法：随机抽样送检，核查复验报告。

检查数量：同一厂家同一品种的产品，当单位工程建筑面积在 20000m^2 以下时各抽查不少于 3 次，当单位工程建筑面积在 20000m^2 以上时各抽查不少于 6 次。

4.2.4 严寒和寒冷地区外保温使用的粘结材料，其冻融试验结果应符合该地区最低气温环境的使用要求。

检验方法：核查质量证明文件。

检查数量：全数检查。

4.2.5 墙体节能工程施工前应按照设计和施工方案的要求对基层进行处理，处理后的基层应符合保温层施工方案的要求。

检验方法：对照设计和施工方案观察检查；核查隐蔽工程验收记录。

检查数量：全数检查。

4.2.6 墙体节能工程各层构造做法应符合设计要求，并应按照经过审批的施工方案施工。

检验方法：对照设计和施工方案观察检查；核查隐蔽工程验收记录。

检查数量：全数检查。

4.2.7 墙体节能工程的施工，应符合下列规定：

1. 保温隔热材料的厚度必须符合设计要求。

2. 保温板材与基层及各构造层之间的粘结或连接必须牢固。粘结强度和连接方式应符合设计要求。保温板材与基层的粘结强度应做现场拉拔试验。

3. 保温浆料应分层施工。当采用保温浆料做外保温时，保温层与基层之间及各层之间的粘结必须牢固，不应脱层、空鼓和开裂。

4. 当墙体节能工程的保温层采用预埋或后置锚固件固定时，锚固件数量、位置、锚固深度和拉拔力应符合设计要求。后置锚固件应进行锚固力现场拉拔试验。

检验方法：观察；手扳检查；保温材料厚度采用钢针插入或剖开尺量检查；粘结强度和锚固力核查试验报告；核查隐蔽工程验收记录。

检查数量：每个检验批抽查不少于 3 处。

4.2.8 外墙采用预置保温板现场浇筑混凝土墙体时，保温板的验收应符合本规范第 4.2.2 条的规定；保温板的安装位置应正确、接缝严密，保温板在浇筑混凝土过程中不得移位、变形，保温板表面应采取界面处理措施，与混凝土粘结应牢固。混凝土和模板的验收，应按《混凝土结构工程施工质量验收规范》GB 50204 的相关规定执行。

检验方法：观察检查；核查隐蔽工程验收记录。

检查数量：全数检查。

4.2.9 当外墙采用保温浆料做保温层时，应在施工中制作同条件养护试件，检测其导热系数、干密度和压缩强度。保温浆料的同条件养护试件应见证取样送检。

检验方法：核查试验报告。

检查数量：每个检验批应抽样制作同条件养护试块不少于 3 组。

4.2.10 墙体节能工程各类饰面层的基层及面层施工，应符合设计和《建筑装饰装修工程质量验收规范》GB 50210 的要求，并应符合下列规定：

1. 饰面层施工的基层应无脱层、空鼓和裂缝，基层应平整、洁净，含水率应符合饰面层施工的要求。

2. 外墙外保温工程不宜采用粘贴饰面砖做饰面层；当采用时，其安全性与耐久性必须符合设计要求。饰面砖应做粘结强度拉拔试验，试验结果应符合设计和有关标准的规定。

3. 外墙外保温工程的饰面层不得渗漏。当外墙外保温工程的饰面层采用饰面板开缝安装时，保温层表面应具有防水功能或采取其他防水措施。

4. 外墙外保温层及饰面层与其他部位交接的收口处，应采取密封措施。

检验方法：观察检查；核查试验报告和隐蔽工程验收记录。

检查数量：全数检查。

4.2.11 保温砌块砌筑的墙体，应采用具有保温功能的砂浆砌筑。砌筑砂浆的强度等级应符合设计要求。砌体的水平灰缝饱满度不应低于90%，竖直灰缝饱满度不应低于80%。

检验方法：对照设计核查施工方案和砌筑砂浆强度试验报告。用百格网检查灰缝砂浆饱满度。

检查数量：每楼层的每个施工段至少抽查一次，每次抽查5处，每处不少于3个砌块。

4.2.12 采用预制保温墙板现场安装的墙体，应符合下列规定：

1. 保温墙板应有型式检验报告，型式检验报告中应包含安装性能的检验。

2. 保温墙板的结构性能、热工性能及与主体结构的连接方法应符合设计要求，与主体结构连接必须牢固。

3. 保温墙板的板缝处理、构造节点及嵌缝做法应符合设计要求。

4. 保温墙板板缝不得渗漏。

检验方法：核查型式检验报告、出厂检验报告、对照设计观察和淋水试验检查；核查隐蔽工程验收记录。

检查数量：型式检验报告、出厂检验报告全数核查；其他项目每个检验批抽查5%，并不少于3块（处）。

4.2.13 当设计要求在墙体内设置隔汽层时，隔汽层的位置、使用的材料及构造做法应符合设计要求和相关标准的规定。隔汽层应完整、严密，穿透隔汽层处应采取密封措施。隔汽层冷凝水排水构造应符合设计要求。

检验方法：对照设计观察检查；核查质量证明文件和隐蔽工程验收记录。

检查数量：每个检验批抽查5%，并不少于3处。

4.2.14 外墙或毗邻不采暖空间墙体上的门窗洞口四周的侧面，墙体上凸窗四周的侧面，应按设计要求采取节能保温措施。

检验方法：对照设计观察检查，必要时抽样剖开检查；核查隐蔽工程验收记录。

检查数量：每个检验批抽查5%，并不少于5个洞口。

4.2.15 严寒和寒冷地区外墙热桥部位，应按设计要求采取节能保温等隔断热桥措施。

检验方法：对照设计和施工方案观察检查；核查隐蔽工程验收记录。

检查数量：按不同热桥种类，每种抽查20%，并不少于5处。

4.3 一般项目

4.3.1 进场节能保温材料与构件的外观和包装应完整无破损，符合设计要求和产品标准的规定。

检验方法：观察检查。

检查数量：全数检查。

4.3.2 当采用加强网作为防止开裂的措施时，加强网的铺贴和搭接应符合设计和施工方案的要求。砂浆抹压应密实，不得空鼓，加强网不得皱褶、外露。

检验方法：观察检查；核查隐蔽工程验收记录。

检查数量：每个检验批抽查不少于5处，每处不少于$2m^2$。

4.3.3 设置空调的房间，其外墙热桥部位应按设计要求采取隔断热桥措施。

检验方法：对照设计和施工方案观察检查；核查隐蔽工程验收记录。

检查数量：按不同热桥种类，每种抽查10%，并不少于5处。

4.3.4 施工产生的墙体缺陷，如穿墙套管、脚手眼、孔洞等，应按照施工方案采取隔断热桥措施，不得影响墙体热工性能。

检验方法；对照施工方案观察检查。

检查数量：全数检查。

4.3.5 墙体保温板材接缝方法应符合施工方案要求。保温板接缝应平整严密。

检验方法：观察检查。

检查数量：每个检验批抽查10%，并不少于5处。

4.3.6 墙体采用保温浆料时，保温浆料层宜连续施工，保温浆料厚度应均匀、接茬应平顺密实。

检验方法：观察、尺量检查。

检查数量：每个检验批抽查10%，并不少于10处。

4.3.7 墙体上容易碰撞的阳角、门窗洞口及不同材料基体的交接处等特殊部位，其保温层应采取防止开裂和破损的加强措施。

检验方法：观察检查；核查隐蔽工程验收记录。

检查数量：按不同部位，每类抽查10%，并不少于5处。

4.3.8 采用现场喷涂或模板浇筑的有机类保温材料做外保温时，有机类保温材料应达到陈化时间后方可进行下道工序施工。

检查方法：对照施工方案和产品说明书进行检查。

检查数量：全数检查

4. 预防措施

(1) 严格控制原材料进场，EPS板出场时间不得少于28d，且应防止雨淋不得露天堆放。禁止使用干粉型粘结剂和干粉型抹面胶浆。

(2) 外墙保温应坚持样板引路，按照样板逐步展开的原则，做样板时应将窗框安装到位。

(3) 基层应坚实、平整，保温层施工前，应进行基层处理。外墙面、外门窗口内壁面及其他洞口处应用1∶3水泥砂浆找平，其平整度不大于5mm。

(4) 外保温工程施工前，外门窗洞口应通过验收，洞口尺寸及位置应符合设计要求和质量要求，门窗框和副框应安装完毕。伸出墙面的消防梯、水落管及各种进户管线等的预埋件、连接件应安装完毕，并按外保温系统厚度留出间隙。

(5) 粘结面积比应符合设计要求，且不低于40%。外保温工程施工期间以及完工后24h

内，基层及环境空气温度不应低于5℃。夏季应避免阳光暴晒。在5级以上大风天气和雨天不得施工。

（6）保温板必须严密地挤靠在一起，板块间缝隙应对严密合，不可避免的局部缺陷和缝隙应使用保温材料进行密封，即使用发泡剂或聚苯棒填塞，拼缝处应打磨平整，严禁用粘贴胶浆填塞。板块粘贴48h后方可进行板面打磨等修整工作。

（7）应做好系统在檐口、勒脚、伸缩缝、外门窗口及外保温系统与不同材料相接处的包边处理，包边宽度大于等于8mm。装饰缝、门窗四角和阴阳角等处应做好局部加强网施工。变形缝应做好防水和保温构造处理。

（8）首层2m以下的墙面或贴面砖的墙面应铺两层网格布，里层为加强网格布，严禁用标准网格布代替（贴面砖时亦可用两层标准网格布）。按网格布的幅宽在保温板上抹底层胶浆后进行铺设网格布，严禁无底浆铺网。抹面层胶浆需抹平压光，无抹痕，且将网格布全部压入胶浆层内。首层楼层抹面胶浆厚度应不小于6mm，其他楼层抹面胶浆厚度应不小于3mm。当抹面胶浆作为防火保护层，且厚度超过6mm时，应加强防裂措施。

（9）保温系统的饰面宜采用涂料饰面，涂料应选用透气性好的弹性涂料，并与保温系统相容，不宜选择溶剂型涂料。其腻子与涂料应匹配，外墙涂料施工前应对基层的平整度、裂缝等质量进行验收。验收合格后才能进行涂料施工。

（10）外墙保温应按以下施工工艺流程进行施工：

① 基层检查、处理。

② 配专用粘结剂，预粘翻包网格布。

③ 粘聚苯保温板。

④ 钻孔及安装固定件。

⑤ 保温板面打磨、找平。

⑥ 配聚合物砂浆。

⑦ 抹底层聚合物砂浆。

⑧ 埋贴网格布。

5. 工程实例图片

图13-1　外墙饰面砖脱落

图13-2　保温板施工工艺不规范

图 13-3　模板对拉丝杆眼填堵不规范

图 13-4　施工过程不精细